学ぶ人は、変えてゆく人だ。

目の前にある問題はもちろん、
人生の問いや、
社会の課題を自ら見つけ、
挑み続けるために、人は学ぶ。
「学び」で、
少しずつ世界は変えてゆける。
いつでも、どこでも、誰でも、
学ぶことができる世の中へ。

旺文社

大学入学
共通テスト
実戦対策問題集

化学

岡島 光洋 著

旺文社

はじめに

　新入試の共通テストに対して，どう対処すればよいか不安に思う受験生の方たちに，学習の指針を示す目的で本書は執筆されました。

　本書は，まず **基本問題** で，共通テストの化学に必要な知識と考え方を習得し，その後 **実戦問題** で，共通テストにおける思考問題に対処するための思考力を習得できるようにつくられています。

　基本問題 では，系統的に知識や考え方を身につけられるように，センター試験の過去問を必要に応じて改変，統合し，少ない問題でなるべく網羅的に知識と考え方が学べるように編集しました。知識は，単に教科書の文を目で追うだけでは頭に入りにくいですが，問題を題材として教科書で調べれば，知識の使い方とともに効果的に頭に入れることができます。わからないところは，まず解説を読み，さらに教科書の索引を使って周辺知識を調べ，問題と結びつけて頭に入れていきましょう。

　実戦問題 では，**基本問題** で習得，確認した知識や考え方を使って，共通テストの思考問題が解けるような応用力を養えるような問題を用意しました。共通テストの試行調査をもとに，国公立二次・私大の問題を作り替えるなど，今後共通テストで出題されるような，一種の予想問題を揃えています。これらの問題に対しては，出題パターンを丸暗記するのではなく，「**基本問題** で習得したことのうち，どれとどれをつないで考えるのか」という知識，考え方の運用法と，「グラフやデータのつくりかた，使い方」を学んでください。

　また，これは学習のアドバイスですが，模試や学校のテストで解けなかったところ，不安なところは，この問題集で類題を探して解いたり，教科書を調べたりして，その問題とともに，類題も解けるようにしていきましょう。学力は１つ１つ身につけていくしかないので，コツコツと解ける問題の領域を広げ，及第点を超えられるところまで積み重ねていきましょう。

　では，この問題集と教科書を駆使して化学の知識と思考法を有機的に結び付け，新入試で合格点を勝ち取りましょう。

岡島　光洋

本書の構成と特長

本書は,「大学入学共通テスト　化学」に向けて,考える力を鍛え,問題形式に慣れることができる問題集です。

本冊 問題

■ 問題の構成

段階的に実力を養えるよう,問題を2段階の難易度に分類しました。

基本問題 ……共通テストに備えて,基本事項を確かめるための問題
実戦問題 ……共通テスト特有の問題形式に慣れるための問題

従来実施されていたセンター試験のときに比べ,共通テストでは,長めの文章を読んだり,複数の図表から情報を得たりして解く問題が多く出題されると予想されます。こうした形式の問題を **実戦問題** に収録しました。一方,基本事項を問う問題は共通テストでも引き続き出題されますし,**実戦問題** を解く上でも,基本事項の理解は不可欠です。このため,**基本問題** で基本事項を確実にしてから,**実戦問題** に取り組むのがよいでしょう。

■ ②分

共通テスト本番での解答目標時間の目安を示しています。この時間以内に解けるようになるよう,問題演習を繰り返しましょう。

別冊 解答

重要事項を確認でき,理解を深められるような,詳しい解説を掲載しました。問題を解いた後は答え合わせをするだけでなく,解説や **POINT** をしっかり読んで理解しましょう。

■ POINT

共通テストの問題に取り組む上で必要不可欠な,重要な知識や解法をまとめています。

■ 参考

問題に関連した追加情報を示しています。

　※本書で収録した過去の大学入試問題は,共通テストの対策に最大限の効果を発揮するよう,適宜改題しました。

も く じ

はじめに……………………………………………………………… 3

本書の構成と特長…………………………………………………… 4

| 第1章 | 化学基礎分野とその関連分野

基本問題（**1** ～ **13**）………………………………… 6

実戦問題（**14** ～ **16**）…………………………………12

| 第2章 | 物質の状態と変化

基本問題（**17** ～ **51**）…………………………………18

実戦問題（**52** ～ **59**）…………………………………41

| 第3章 | 無機物質の性質

基本問題（**60** ～ **81**）…………………………………56

実戦問題（**82** ～ **86**）…………………………………66

| 第4章 | 有機化合物の性質

基本問題（**87** ～ **109**）………………………………74

実戦問題（**110** ～ **115**）………………………………86

| 第5章 | 高分子化合物の性質

基本問題（**116** ～ **127**）………………………………99

実戦問題（**128** ～ **132**）…………………………… 104

紙面デザイン：内津剛（及川真咲デザイン事務所）
校正：有限会社 中村編集デスク，細川啓太郎
菊池陽子，向井勇揮
編集協力：遠藤豊　　編集：林聖将

第1章 化学基礎分野とその関連分野

基本問題

1 化学結合

化学結合に関する記述として**誤りを含むもの**を，次の①～⑥のうちから一つ選べ。

① 塩化ナトリウムの結晶では，ナトリウムイオン Na^+ と塩化物イオン Cl^- が静電気的な力で結合している。
② 二つの原子が電子を出し合って生じる結合は，共有結合である。
③ 固体のヨウ素は，ヨウ素原子どうしが共有結合により結び付いた共有結合の結晶である。
④ 無極性分子を構成する化学結合の中には極性が存在するものもある。
⑤ オキソニウムイオン H_3O^+ の三つの O–H 結合のうち，一つは配位結合によるものだが，他の二つの共有結合と性質が同じなので，区別できない。
⑥ 金属が展性・延性を示すのは，原子どうしが自由電子によって結合しているからである。

2 電子配置

次の図に示す電子配置をもつ原子（a～d）が結合してできる分子に関する記述として，**誤りを含むもの**を，下の①～⑥のうちから一つ選べ。ただし，中心の丸（○）は原子核を，その外側の同心円は電子殻を，円周上の黒丸（●）は電子を，それぞれ表す。

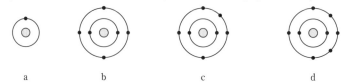

① 3個の a と 1個の c からなる分子は，分子間で水素結合を行う。
② 1個の b と 2個の d からなる分子は，非共有電子対を 6 組もつ。
③ 2個の c からなる分子は三重結合をもつ。
④ 2個の a と 1個の d からなる分子は，折れ線形の構造をもつ。
⑤ 4個の a と 1個の b からなる分子は，無極性分子である。
⑥ 4個の a と 1個の c からなる 1 価の陽イオンは，正四面体形の構造をもつ。

3 物質の沸点

下の図は物質の分子量と沸点の関係を示している。この図に関する次の記述 a〜c について，正誤の組合せとして正しいものを，下の①〜⑧のうちから一つ選べ。

a HCl の沸点が SiH₄ の沸点より高いのは，HCl 分子間に静電気的な引力がはたらくからである。
b HF と H₂O の沸点がそれぞれ，HCl と H₂S の沸点より高いのは，水素結合の効果である。
c 同種の分子間にはたらく力は，CH₄ に比べて SiH₄ のほうが大きい。

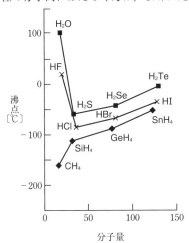

	a	b	c
①	正	正	正
②	正	正	誤
③	正	誤	正
④	正	誤	誤
⑤	誤	正	正
⑥	誤	正	誤
⑦	誤	誤	正
⑧	誤	誤	誤

4 物質の量

物質の量に関する記述として**誤りを含むもの**を，次の①〜④のうちから一つ選べ。なお，原子量は H=1.0, He=4.0, C=12, O=16, Na=23 とする。

① 同温・同圧において，4 L の水素は 1 L のヘリウムより軽い。
② 8.0 g のメタンには水素原子が 2.0 mol 含まれている。
③ 水 100 g に塩化ナトリウム 25 g を溶かした水溶液の質量パーセント濃度は 20% である。
④ 水酸化ナトリウム 4.0 g を水に溶かして 100 mL とした水溶液のモル濃度は 1.0 mol/L である。

8 第1章 化学基礎分野とその関連分野

5 密度・個数と原子量 ③分 ▶▶ 解答 P.6

ある金属 M の単体の密度は $7.2\,\text{g/cm}^3$ であり，その $10\,\text{cm}^3$ には 8.3×10^{23} 個の M 原子が含まれている。このとき，M の原子量として最も適当な数値を，次の①〜⑦のうちから一つ選べ。なお，アボガドロ定数は $6.0 \times 10^{23}/\text{mol}$ とする。

① 7.2　② 23　③ 27　④ 39　⑤ 52　⑥ 55　⑦ 72

6 反応量と原子量 ③分 ▶▶ 解答 P.7

金属 M の塩化物 MCl_2 を $3.66\,\text{g}$ 取り，水に溶かしたのち十分な量の硝酸銀水溶液を加えたところ $0.0400\,\text{mol}$ の塩化銀が得られた。金属 M の原子量として最も適当な数値を，次の①〜⑥のうちから一つ選べ。なお，原子量は $Cl = 35.5$ とする。

① 21　② 56　③ 92　④ 112　⑤ 137　⑥ 183

7 化学反応と量的関係 ③分 ▶▶ 解答 P.8

大気中に長期間放置した Al 粉末の表面では，Al が酸化されて Al_2O_3 が生成していた。この粉末 $3.61\,\text{g}$ を希塩酸に加え，十分にかき混ぜてすべて溶解させたところ，水素が $0.195\,\text{mol}$ 発生した。この粉末中の物質量比 $Al : Al_2O_3$ として最も適当なものを，次の①〜⑥のうちから一つ選べ。なお，原子量は $O = 16$，$Al = 27$ とする。

① 3.6：1　② 13：1　③ 36：1
④ 102：1　⑤ 130：1　⑥ 360：1

8 質量モル濃度 ③分 ▶▶ 解答 P.8

溶媒 $1\,\text{kg}$ に溶けている溶質の量を物質量〔mol〕で表した濃度は，質量モル濃度〔mol/kg〕とよばれる。ある溶液のモル濃度が C〔mol/L〕，密度が d〔g/cm^3〕，溶質のモル質量が M〔g/mol〕であるとき，この溶液の質量モル濃度〔mol/kg〕を求める式はどれか。正しいものを，次の①〜⑤のうちから一つ選べ。

① $\dfrac{C}{1000d}$　② $\dfrac{1000CM}{d}$　③ $\dfrac{CM}{10d}$　④ $\dfrac{C}{1000d - CM}$　⑤ $\dfrac{1000C}{1000d - CM}$

9 塩の液性

酸, 塩基, および塩の水溶液の性質に関する次の文章中の空欄（ ア ～ ウ ）に当てはまる語, 化合物, およびイオンの組合せとして最も適当なものを, 下の①～⑧のうちから一つ選べ。

ア 色リトマス紙の中央に イ の水溶液を1滴たらしたところ, リトマス紙は変色した。次の図のように, このリトマス紙をろ紙の上に置き, 電極に直流電圧をかけた。変色した部分はしだいに左側にひろがった。この変化から, ウ が左側へ移動したことがわかる。

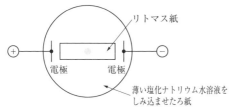

	ア	イ	ウ
①	青	Na_2CO_3	Na^+
②	青	Na_2CO_3	CO_3^{2-}
③	青	NH_4Cl	NH_4^+
④	青	NH_4Cl	Cl^-
⑤	赤	Na_2CO_3	Na^+
⑥	赤	Na_2CO_3	CO_3^{2-}
⑦	赤	NH_4Cl	NH_4^+
⑧	赤	NH_4Cl	Cl^-

10 電離度

酢酸水溶液中の酢酸の濃度と pH の関係を調べたところ, 次の図のようになった。0.038 mol/L の水溶液中の酢酸の電離度として最も適当な数値を, 下の①～⑥のうちから一つ選べ。

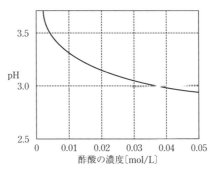

① 0.0010　② 0.0026　③ 0.0038　④ 0.010　⑤ 0.026　⑥ 0.038

11 中和滴定

1価の酸の 0.2 mol/L 水溶液 10 mL を，ある塩基の水溶液で中和滴定した。塩基の水溶液の滴下量と pH の関係を次の図に示す。下の問い (**a**・**b**) に答えよ。

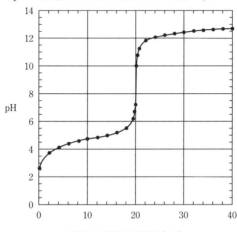

塩基の水溶液の滴下量 [mL]

a この滴定に関する記述として**誤りを含むもの**を，次の①～⑤のうちから一つ選べ。
① この1価の酸は弱酸である。
② 滴定に用いた塩基の水溶液の pH は 12 より大きい。
③ 中和点における水溶液の pH は 7 である。
④ この滴定に適した指示薬はフェノールフタレインである。
⑤ この滴定に用いた塩基の水溶液を用いて，0.1 mol/L の硫酸 10 mL を中和滴定すると，中和に要する滴下量は 20 mL である。

b 滴定に用いた塩基の水溶液として最も適当なものを，次の①～⑥のうちから一つ選べ。
① 0.05 mol/L のアンモニア水
② 0.1 mol/L のアンモニア水
③ 0.2 mol/L のアンモニア水
④ 0.05 mol/L の水酸化ナトリウム水溶液
⑤ 0.1 mol/L の水酸化ナトリウム水溶液
⑥ 0.2 mol/L の水酸化ナトリウム水溶液

12 酸化還元反応

次の酸化還元反応 a～d のうち，下線を引いた物質が酸化剤としてはたらいているものはいくつあるか。その数を下の①～⑤のうちから一つ選べ。

a <u>Cu</u> + 2H$_2$SO$_4$ ⟶ CuSO$_4$ + SO$_2$ + 2H$_2$O
b <u>SnCl$_2$</u> + Zn ⟶ Sn + ZnCl$_2$
c <u>Br$_2$</u> + 2KI ⟶ 2KBr + I$_2$
d 2<u>KMnO$_4$</u> + 5H$_2$O$_2$ + 3H$_2$SO$_4$ ⟶ 2MnSO$_4$ + 5O$_2$ + K$_2$SO$_4$ + 8H$_2$O

① 1   ② 2   ③ 3   ④ 4   ⑤ 0

13 酸化還元滴定

濃度不明の K$_2$Cr$_2$O$_7$ の硫酸酸性水溶液 5.00 mL に 0.150 mol/L の (COOH)$_2$ 水溶液を加えていった。このとき，発生した CO$_2$ の物質量と (COOH)$_2$ 水溶液の滴下量の関係は下の図のようになった。この反応における K$_2$Cr$_2$O$_7$ と (COOH)$_2$ のはたらきは，電子を含む次のイオン反応式で表される。

Cr$_2$O$_7^{2-}$ + 14H$^+$ + 6e$^-$ ⟶ 2Cr^{3+} + 7H$_2$O
(COOH)$_2$ ⟶ 2CO$_2$ + 2H$^+$ + 2e$^-$

K$_2$Cr$_2$O$_7$ 水溶液の濃度は何 mol/L か。最も適当な数値を，下の①～⑥のうちから一つ選べ。

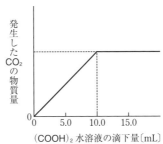

① 0.0500   ② 0.100   ③ 0.150   ④ 0.200   ⑤ 0.300   ⑥ 0.900

実戦問題

14 燃焼反応の反応量 ⏱10分 ▶▶ 解答 P.13

次の文章を読み，下の問い（**問1・問2**）に答えよ。ただし，気体の体積は同温・同圧における数値であり，この条件では水は完全に液体になっているものとし，メタン，酸素，二酸化炭素は水に溶解しないものとする。また，気体はすべて理想気体とする。

容積を変化させることができる容器に，240 mL の酸素とともにメタンを入れた。この混合気体の体積は 25 °C，$1.0×10^5$ Pa で x [mL] であったが，混合気体を燃焼させると 25 °C，$1.0×10^5$ Pa で y [mL] になった。<u>240 mL の酸素とさまざまな体積のメタンを燃焼させて x と y を測定した</u>。このとき，容器に入れたメタンの量に関わらず，メタンの完全燃焼反応のみが完全に進行し，他の反応は起こらなかった。

問1 下線部について，燃焼で発生する熱を最も多くするためには，容器に入れるメタンは少なくとも何 mL 必要か。最も適当な数値を，次の①〜⑥のうちから一つ選べ。

① 60　② 90　③ 120　④ 180　⑤ 240　⑥ 480

問2 容器に入れたメタンの体積が 0 mL から 300 mL の場合について，x と y の関係を下のグラフに書き，次の問い（**a・b**）に答えよ。

a 酸素 240 mL にある量のメタンを加えて点火すると，メタンは完全に消費され，$y=200$ mL となった。このときの x の値として最も近いものを，次の①〜⑥のうちから一つ選べ。

① 280　② 320　③ 360　④ 400　⑤ 440　⑥ 480

b ある量の酸素とメタンを容器に入れ，総体積を測定すると 200 mL であった。点火して反応を完全に行うと，総体積は 100 mL であり，酸素は含まれなかった。このとき，最初に入れた酸素の体積は何 mL か。最も適当な数値を，次の①〜⑥のうちから一つ選べ。

① 30　② 50　③ 80　④ 100　⑤ 120　⑥ 150

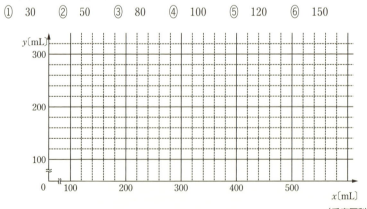

(兵庫医科大・改)

15 中和滴定の応用

次の文章を読み，下の問い（**問1～5**）に答えよ。なお，実験中の各溶液の温度は一定に保たれていて，純水や水溶液の密度はすべて同じであるとする。また，原子量は H＝1.0，N＝14，O＝16，Na＝23，Al＝27 とする。

次の溶液Aと溶液Bをそれぞれ調製した。

溶液A　0.20 mol/L の硝酸水溶液 25.0 mL と純水 25.0 mL をビーカーに入れ，よく混ぜた。

溶液B　0.20 mol/L の硝酸水溶液 25.0 mL と 0.20 mol/L の硝酸アルミニウム水溶液 25.0 mL をビーカーに入れ，よく混ぜた。

溶液A，Bにそれぞれ，ある濃度の水酸化ナトリウム水溶液 300 mL を少しずつ滴下し，よく混ぜた。このときの溶液のpH変化は，溶液Aが図1の点線（……），溶液Bが図1の実線（――）のようになった。

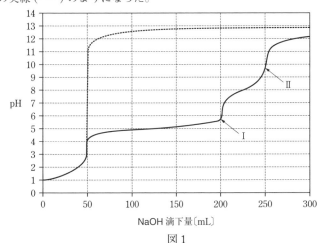

図1

問1　水酸化ナトリウム水溶液のモル濃度〔mol/L〕として最も適当な数値を，次の①～⑥のうちから一つ選べ。
　①　0.010　　②　0.020　　③　0.050　　④　0.10　　⑤　0.20　　⑥　0.50

問2　溶液Bに水酸化ナトリウム水溶液を 300 mL まで滴下していくときの，硝酸イオン NO_3^- の物質量の変化を次ページの図2の（―‥―）で示した。溶液B中のナトリウムイオン Na^+ の物質量の変化を図2に示して，NO_3^- と Na^+ の物質量が同じになるときのNaOHの滴下量〔mL〕として最も適当な数値を，次の①～⑥のうちから一つ選べ。
　①　50　　②　100　　③　150　　④　200　　⑤　250　　⑥　300

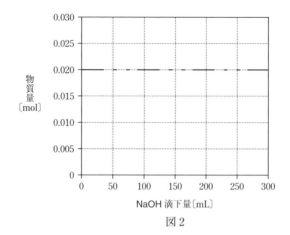

図2

問3 溶液Bの矢印Iの状態におけるビーカー内の様子として最も適当なものを，次の①〜⑥のうちから一つ選べ。
① 無色の溶液であり，沈殿はない。
② 青色の溶液であり，沈殿はない。
③ 無色の溶液と，沈殿約 0.4 g とが存在する。
④ 無色の溶液と，沈殿約 0.8 g とが存在する。
⑤ 青色の溶液と，沈殿約 0.4 g とが存在する。
⑥ 青色の溶液と，沈殿約 0.8 g とが存在する。

問4 溶液Bについて，矢印IIの時点で水に溶けている物質として最も適当なものを，次の①〜⑦のうちから一つ選べ。
① NaOH のみ　　　② $NaNO_3$ のみ　　　③ $Al(NO_3)_3$ のみ
④ $Na[Al(OH)_4]$ のみ　　⑤ $NaNO_3$ と $Al(NO_3)_3$
⑥ $NaNO_3$ と $Na[Al(OH)_4]$　　⑦ $NaNO_3$ と $Na[Al(OH)_4]$ と NaOH

問5 溶液Aに水酸化ナトリウム水溶液 300 mL を滴下した後のpHは，溶液Bに 300 mL を滴下した場合よりも大きい値であった。なぜ大きい値になるのか，その理由として最も適当なものを，次の①〜⑥のうちから一つ選べ。
① 溶液AとBでは，水酸化物イオンの物質量は同じだが，溶液の体積が異なるから。
② 溶液AとBでは，水酸化物イオンのモル濃度は同じだが，水素イオン濃度は異なるから。
③ 溶液Aに比べ，溶液Bでは他の生成物がpHに影響を及ぼすから。
④ 溶液Aに比べ，溶液Bではより多くの硝酸イオンが含まれているから。
⑤ 溶液Aに比べ，溶液Bではより多くの水酸化ナトリウムが反応しているから。
⑥ 実験における測定上の誤差であり，理論上は同じ値になるはずである。

(大阪教育大)

16 酸化還元滴定の応用（COD）

次の文章を読み，下の問い（**問1〜3**）に答えよ。なお，原子量は O＝16 とする。

COD（化学的酸素要求量）は，水1Lに含まれる有機化合物などを酸化するのに必要な過マンガン酸カリウム $KMnO_4$ の量を，酸化剤としての酸素の質量〔mg〕に換算したもので，水質の指標の一つである。ヤマメやイワナが生息できる渓流の水質はCODの値が1mg/L以下であり，きれいな水ということができる。

CODの値は，試料水中の有機化合物と過不足なく反応する $KMnO_4$ の物質量から求められる。いま，有機化合物だけが溶けている無色の試料水がある。この試料水のCODの値を求めるために，次の実験操作（**操作1〜3**）を行った。なお，操作手順の概略は次ページの図に示してある。

準 備　試料水と対照実験用の純水を，それぞれ100mLずつコニカルビーカーにとった。

操作1　準備した二つのコニカルビーカーに硫酸を加えて酸性にした後，両方に物質量 n_1〔mol〕の $KMnO_4$ を含む水溶液を加えて振り混ぜ，沸騰水につけて30分間加熱した。これにより，試料水中の有機化合物を酸化した。加熱後の水溶液には，未反応の $KMnO_4$ が残っていた。なお，この加熱により $KMnO_4$ の一部が分解した。分解した $KMnO_4$ の物質量は，試料水と純水のいずれも x〔mol〕とする。

操作2　二つのコニカルビーカーを沸騰水から取り出し，両方に還元剤として同量のシュウ酸ナトリウム $Na_2C_2O_4$ 水溶液を加えて振り混ぜた。加えた $Na_2C_2O_4$ と過不足なく反応する $KMnO_4$ の物質量を n_2〔mol〕とする。反応後の水溶液には，未反応の $Na_2C_2O_4$ が残っていた。

操作3　コニカルビーカーの温度を50〜60℃に保ち，$KMnO_4$ 水溶液を用いて，残っていた $Na_2C_2O_4$ を滴定した。滴定で加えた $KMnO_4$ の物質量は，試料水では n_3〔mol〕，純水では n_4〔mol〕だった。

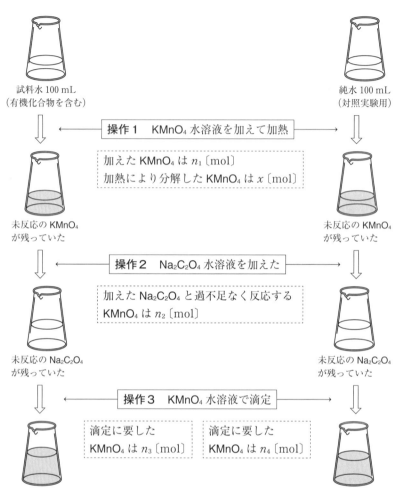

問1 $Na_2C_2O_4$ が還元剤としてはたらく反応は，次の電子を含むイオン反応式で表される。

$\underline{C}_2O_4^{2-} \longrightarrow 2\underline{C}O_2 + 2e^-$

下線を付した原子の酸化数の変化として正しいものを，次の①～⑤のうちから一つ選べ。

① 2減少　② 1減少　③ 変化なし　④ 1増加　⑤ 2増加

問2 次の文章を読み，下の問い（**a・b**）に答えよ。

　　この試料水中の有機化合物と過不足なく反応する $KMnO_4$ の物質量 n〔mol〕を求めたい。**操作1～3**で，試料水と純水のそれぞれにおいて，加えた $KMnO_4$ の物質量の総量と消費された $KMnO_4$ の物質量の総量は等しい。このことから導かれる式を n, n_1, n_2, n_3, n_4, x のうちから必要なものを用いて表すと，試料水では　ア　，純水では　イ　となる。これら二つの式から，$n=$　ウ　となる。

a　　ア　・　イ　に当てはまる式として最も適当なものを，次の①～⑥のうちからそれぞれ一つずつ選べ。

① $n_1+n_2=n+n_3-x$ 　　　　② $n_1+n_2=n+n_3+x$

③ $n_1+n_3=n+n_2+x$ 　　　　④ $n_1+n_2=n_4-x$

⑤ $n_1+n_2=n_4+x$ 　　　　　⑥ $n_1+n_4=n_2+x$

b　　ウ　に当てはまる式として最も適当なものを，次の①～⑤のうちから一つ選べ。

① n_3-n_4 　　　　　　　　② $n_1+n_3-n_4$

③ $n_2+n_3-n_4$ 　　　　　　④ $n_1+n_2+n_3-n_4$

⑤ $n_1-n_2+n_3-n_4$

問3 次の文章中の　エ　～　カ　に当てはまる数字を，下の①～⓪のうちから一つずつ選べ。ただし，同じものを繰り返し選んでもよい。

　　過マンガン酸イオン MnO_4^- と酸素 O_2 は，酸性溶液中で次のように酸化剤としてはたらく。

　　$MnO_4^- + 8H^+ + 5e^- \longrightarrow Mn^{2+} + 4H_2O$

　　$O_2 + 4H^+ + 4e^- \longrightarrow 2H_2O$

したがって，$KMnO_4$ 4 mol は，酸化剤としての O_2　エ　mol に相当する。

　　この試料水 100 mL 中の有機化合物と過不足なく反応する $KMnO_4$ の物質量 n は，2.0×10^{-5} mol であった。試料水 1.0 L に含まれる有機化合物を酸化するのに必要な $KMnO_4$ の量を，O_2 の質量〔mg〕に換算して COD の値を求めると，　オ　．　カ　mg/L になる。

① 1　② 2　③ 3　④ 4　⑤ 5

⑥ 6　⑦ 7　⑧ 8　⑨ 9　⓪ 0

（共通テスト試行調査）

第2章 物質の状態と変化

基本問題

17 物質の状態

物質の状態に関する記述として下線部に**誤り**を含むものを，次の①〜⑤のうちから一つ選べ。

① ピストン付き密閉容器内の気体の温度を一定にしたまま体積を小さくすると，単位時間・単位面積あたり容器の壁に衝突する分子の数が増える。
② 温度を上げると気体中の分子の拡散が速くなるのは，気体の分子がエネルギーを得て，その運動が活発になるからである。
③ 蒸気圧が一定の密閉容器内では，液体の表面から飛び出した分子は再び液体中に戻らない。
④ 大気中に放置したビーカー中の液体が蒸発してしだいにその量が減少するのは，蒸発した分子が空気中に拡散していくからである。
⑤ 固体から液体へ状態が変化すると，この物質を構成する分子は，融解熱に相当するエネルギーを得て，自由に移動できるようになる。

18 混合気体の全圧

右下の図のように，容積 4.0 L の容器Aには 1.0×10^5 Pa のヘリウムが，容積 1.0 L の容器Bには 5.0×10^5 Pa のアルゴンが入っている。コックを開いて二つの気体を混合したときの混合気体の全圧は何 Pa か。最も適当な数値を，次の①〜⑥のうちから一つ選べ。ただし，コック部の容積は無視する。また，容器A，Bに入っている気体の温度は同じであり，混合の前後で変わらないものとする。

① 1.0×10^5 ② 1.2×10^5 ③ 1.8×10^5
④ 3.0×10^5 ⑤ 4.2×10^5 ⑥ 6.0×10^5

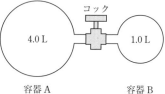

19 水銀柱

下の図に示すような装置を用い，大気圧が $1.013×10^5$ Pa（=760 mmHg）のとき，温度 25 °C で次に示す操作を行うと，ガラス管内の水銀柱の上部に空間ができる。この実験に関する記述として**誤りを含むもの**を，下の①～⑤のうちから一つ選べ。

〔操作〕 一端を閉じた全長 900 mm のガラス管に水銀を満たし，容器内の水銀に沈んでいるガラス管の長さが 50 mm となるように，容器内の水銀面に対してガラス管を垂直に倒立させる。

① 容器内の水銀に沈めるガラス管の長さを 100 mm にすると，ガラス管内上部の空間の体積は減少する。
② 図に示したガラス管の下端から上部の空間に少量のメタノールを入れると水銀柱は低くなる。
③ 大気圧が下がると図に示したガラス管内上部の空間の体積は減少する。
④ 全長 700 mm のガラス管に変えると，ガラス管内の上部に空間は生じない。
⑤ 全長 1200 mm のガラス管に変えると，図と同様にガラス管内の上部に空間が生じ，水銀柱の高さは全長 900 mm の長さのガラス管を用いた場合と同じになる。

20 蒸気圧

蒸気圧に関する次の文章中の空欄（ ア ～ ウ ）に当てはまる語および数値の組合せとして最も適当なものを，下の①～⑧のうちから一つ選べ。

水，エタノール，酢酸エチル，酢酸の蒸気圧を表す下の図を見ると，外圧が 40 kPa のとき，四つの物質のうち三つに対し，沸点の高いものから順に並べると ア の順であることがわかる。外圧を イ kPa に保ちながら十分ゆっくりと酢酸エチルの温度を室温から高くしていくと，70℃付近で沸騰した。一方，水の温度を 90℃に保ちながら外圧を大気圧から十分ゆっくりと下げていくと， ウ kPa で沸騰した。ただし，A＞B は A の沸点が B の沸点よりも高いことを表す。

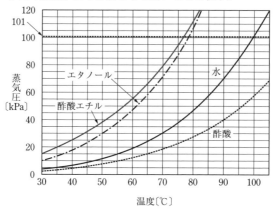

	ア	イ	ウ
①	酢酸エチル＞エタノール＞酢酸	80	70
②	酢酸エチル＞エタノール＞水	101	90
③	エタノール＞水＞酢酸	80	90
④	水＞エタノール＞酢酸エチル	101	70
⑤	酢酸＞エタノール＞酢酸エチル	80	90
⑥	酢酸＞水＞エタノール	80	70
⑦	酢酸エチル＞水＞酢酸	101	90
⑧	酢酸＞水＞酢酸エチル	101	70

21 エタノールの蒸気圧曲線

下の図はエタノールの蒸気圧曲線である。容積 1.0 L の密閉容器に 0.010 mol のエタノールのみが入っている。容器の温度が 40°C および 60°C のとき，容器内の圧力はそれぞれ何 Pa か。圧力の値の組合せとして最も適当なものを，次の①〜⑦のうちから一つ選べ。ただし，気体定数は $R=8.3\times10^3$ Pa・L/(K・mol) とする。また，容器内での液体の体積は無視できるものとする。

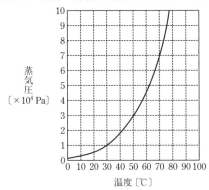

	40°C での圧力 [Pa]	60°C での圧力 [Pa]
①	1.8×10^4	2.3×10^4
②	1.8×10^4	2.8×10^4
③	1.8×10^4	4.5×10^4
④	2.3×10^4	2.3×10^4
⑤	2.3×10^4	2.8×10^4
⑥	2.6×10^4	2.8×10^4
⑦	2.6×10^4	4.5×10^4

22 飽和蒸気圧と混合気体の冷却

物質 A 0.30 mol と窒素 0.60 mol の混合気体が，なめらかに動くピストン付きの密閉容器に入っている。この混合気体の温度と圧力がそれぞれ 57°C と 9.0×10^4 Pa のとき，気体のみが存在していた。混合気体の圧力を変えずに 27°C まで冷却したところ物質Aの液滴が生じた。このとき，冷却後の混合気体の窒素のモル分率として最も適当な数値を，次の①〜⑦のうちから一つ選べ。ただし，物質Aは窒素とは反応せず，27°C におけるその飽和蒸気圧は 1.5×10^4 Pa である。また，生じた液滴の体積は無視でき，液滴に窒素は溶解しないものとする。

① 0.60　② 0.67　③ 0.75　④ 0.80　⑤ 0.83　⑥ 0.90　⑦ 1.0

23 理想気体と実在気体

理想気体と実在気体に関する記述として下線部に**誤りを含む**ものを，次の①〜⑤のうちから一つ選べ。

① 理想気体では，物質量と温度が一定であれば，圧力を変化させても圧力と体積の積は変化しない。
② 理想気体では，体積一定のまま温度を下げると圧力は単調に減少する。
③ 理想気体では，気体分子自身の体積はないものと仮定している。
④ 実在気体は，常圧では温度が低いほど理想気体に近いふるまいをする。
⑤ 実在気体であるアンモニア1 molの体積が，標準状態において 22.4 L より小さいのは，アンモニア分子間に分子間力がはたらいているためである。

24 実在気体の特徴

実在気体に関する次の文章中の ア ・ イ に当てはまる語句の組合せとして最も適当なものを，下の①〜⑥のうちから一つ選べ。

下の図は，ヘリウムとメタンについて，温度 T〔K〕を一定とし，$\dfrac{PV}{nRT}$ の値が圧力 P〔Pa〕とともに変化する様子を示したものである。ここで，V は気体の体積〔L〕，n は物質量〔mol〕，R は気体定数〔Pa・L/(K・mol)〕である。メタンでは，図の圧力の範囲で，$\dfrac{PV}{nRT}$ の値は1よりも小さく，圧力が大きくなるとこの値は減少している。これは，ア の影響に比べて，イ の影響が大きいことによる。一方，ヘリウムでは，$\dfrac{PV}{nRT}$ の値は1より大きく，圧力が大きくなるとこの値は増加している。これは，イ の影響が非常に小さく，ア の影響が大きくあらわれるためである。

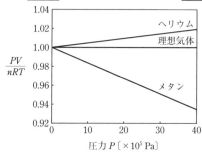

	ア	イ
①	分子間力	分子自身の体積
②	分子間力	分子の熱運動
③	分子自身の体積	分子間力
④	分子自身の体積	分子の熱運動
⑤	分子の熱運動	分子間力
⑥	分子の熱運動	分子自身の体積

25 溶解度と物質の析出

下の図は物質Aと物質Bの溶解度曲線を示している。Aを140 gとBを20 g含む混合物を温度 T_H の水 100 g に加えて十分にかき混ぜた後、温度を T_H に保ったままでろ過した。ろ液を温度 T_L まで冷却したとき、AとBはそれぞれ何g析出するか。最も適当な組合せを、下の①〜⑥のうちから一つ選べ。ただし、AとBは互いの溶解度に影響せず、いずれも水和水(結晶水)をもたない物質とする。

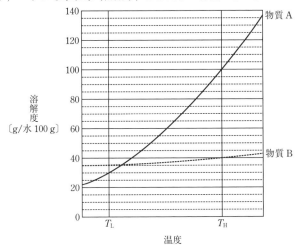

	物質Aの析出量〔g〕	物質Bの析出量〔g〕
①	140	20
②	110	0
③	100	20
④	70	5
⑤	70	0
⑥	40	0

24 第2章　物質の状態と変化

26 混合気体の溶解　⏱ ③分 ▶▶ 解答 P.25

　0℃, $1.0×10^5$ Pa で，ある液体 A 1.0 L に溶けるヘリウムと酸素の体積は，それぞれ 9.7 mL, 48 mL である。体積比 4 : 1 のヘリウムと酸素からなる十分な量の混合気体を，0℃, $1.0×10^5$ Pa のもとで，液体 A 1.0 L に十分長い時間接触させた。このとき液体 A 1.0 L に溶解したヘリウムの体積は，0℃, $1.0×10^5$ Pa で何 mL か。最も適当な数値を，次の①〜⑤のうちから一つ選べ。ただし，ヘリウムと酸素の溶解度は互いに影響せず，気体が溶解した後も，混合気体の圧力と組成は変わらないものとする。また，ヘリウムと酸素は液体Aと反応しない。

① 1.9　　② 7.8　　③ 9.7　　④ 39　　⑤ 48

27 沸点上昇　⏱ ③分 ▶▶ 解答 P.26

　モル質量 M 〔g/mol〕の非電解質の化合物 x〔g〕を溶媒 10 mL に溶かした希薄溶液の沸点は，純溶媒の沸点より Δt〔K〕上昇した。この溶媒のモル沸点上昇が K_b〔K·kg/mol〕のとき，溶媒の密度 d〔g/cm³〕を表す式として最も適当なものを，次の①〜⑥のうちから一つ選べ。

① $\dfrac{M\Delta t}{100xK_b}$　　② $\dfrac{100xK_b}{M\Delta t}$　　③ $\dfrac{100K_bM}{x\Delta t}$　　④ $\dfrac{x\Delta t}{100K_bM}$

⑤ $\dfrac{10000xK_b}{M\Delta t}$　　⑥ $\dfrac{M\Delta t}{10000xK_b}$

28 浸透圧　⏱ ②分 ▶▶ 解答 P.26

　浸透圧に関する記述として**誤りを含むもの**を，次の①〜⑤のうちから一つ選べ。

① 純水とスクロース水溶液を半透膜で仕切り，液面の高さをそろえて放置すると，スクロース水溶液の体積が減少し，純水の体積が増加する。

② 浸透圧は，高分子化合物の分子量の測定に利用される。

③ グルコースの希薄水溶液の浸透圧は，モル濃度に比例する。

④ 同じモル濃度のスクロースと塩化ナトリウムの希薄水溶液の浸透圧を比較すると，塩化ナトリウムの希薄水溶液のほうが高い。

⑤ 希薄溶液の浸透圧は，絶対温度に比例する。

29 コロイド

コロイドに関連する記述として下線部に**誤りを含むもの**を，次の①~⑤のうちから一つ選べ。

① 少量の電解質を加えると，疎水コロイドの粒子が集合して沈殿する現象を，凝析という。
② コロイド溶液に強い光線を当てると光の通路が明るく見える現象を，チンダル現象という。
③ コロイド溶液に直流電圧をかけたとき，電荷をもったコロイド粒子が移動する現象を，電気泳動という。
④ 半透膜を用いてコロイド粒子と小さい分子を分離する操作を，透析という。
⑤ 流動性のないコロイドを，ゾルという。

30 面心立方格子

右の図は面心立方格子の金属結晶の単位格子を示している。この単位格子の頂点 a，b，c，d を含む面に存在する原子の配置を表す図として正しいものを，次の①~⑥のうちから一つ選べ。ただし，○は原子の位置を表している。

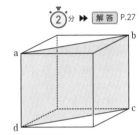

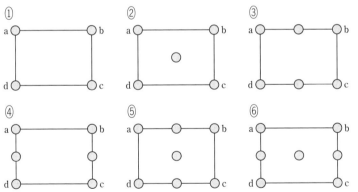

31 体心立方格子

右の図のような体心立方格子の結晶構造をもつ金属の原子半径を r〔cm〕とする。この金属結晶の単位格子一辺の長さ a〔cm〕を表す式として最も適当なものを，次の①〜⑥のうちから一つ選べ。

① $\dfrac{4\sqrt{3}}{3}r$ ② $2\sqrt{2}\,r$ ③ $4r$

④ $\dfrac{2\sqrt{3}}{3}r$ ⑤ $\sqrt{2}\,r$ ⑥ $2r$

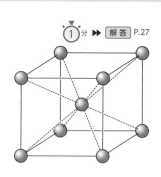

32 塩化ナトリウム型結晶

塩化カリウムの結晶は，カリウムイオンと塩化物イオンが右の図のように配列した単位格子をもつ。この単位格子は体積が 2.5×10^{-22} cm^3 の立方体である。アボガドロ定数を 6.0×10^{23}/mol としたときの結晶の密度は何 g/cm^3 か。最も適当な数値を，次の①〜⑤のうちから一つ選べ。ただし，原子量は Cl=35.5，K=39 とする。

① 1.0 ② 1.5 ③ 2.0 ④ 3.0 ⑤ 4.0

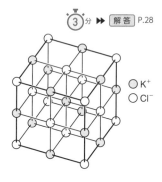

33 物質の変化とエネルギー

物質の変化とエネルギーに関する記述として**誤りを含むもの**を，次の①〜⑤のうちから一つ選べ。

① 光合成では，光エネルギーを利用して二酸化炭素と水からグルコースが合成される。
② 化学電池は，化学エネルギーを電気エネルギーに変えるものである。
③ 発熱反応では，正反応の活性化エネルギーより，逆反応の活性化エネルギーが小さい。
④ 吸熱反応では，反応物の生成熱の総和が生成物の生成熱の総和より大きい。
⑤ 化学反応によって発生するエネルギーの一部が，光として放出されることがある。

34 熱化学方程式

C(黒鉛)がC(気)に変化するときの熱化学方程式を次に示す。
　　C(黒鉛) ＝ C(気) ＋ Q〔kJ〕
次の三つの熱化学方程式を用いてQを求めると，何kJになるか。最も適当な数値を，下の①～⑥のうちから一つ選べ。
　　C(黒鉛) ＋ O_2(気) ＝ CO_2(気) ＋ 394 kJ
　　O_2(気) ＝ 2O(気) － 498 kJ
　　CO_2(気) ＝ C(気) ＋ 2O(気) － 1608 kJ

① －1712　② －716　③ －218　④ 218　⑤ 716　⑥ 1712

35 比熱と温度上昇

プロパンの完全燃焼により10Lの水の温度を22℃上昇させた。この加熱に必要なプロパンの体積は，0℃，$1.013×10^5$ Paで何Lか。最も適当な数値を，次の①～⑥のうちから一つ選べ。ただし，水の密度と比熱はそれぞれ$1.0 g/cm^3$，4.2 J/(g・K) とし，プロパンの燃焼熱は2200 kJ/molで，燃焼によって発生した熱はすべて水の温度上昇に使われたものとする。また，気体は理想気体として扱う。

① 0.019　② 0.42　③ 0.53　④ 2.4　⑤ 9.4　⑥ 53

36 結合エネルギー

NH_3(気)1mol中のN–H結合をすべて切断するのに必要なエネルギーは何kJか。最も適当な数値を，下の①～⑥のうちから一つ選べ。ただし，H–HおよびN≡Nの結合エネルギーはそれぞれ436 kJ/mol，945 kJ/molであり，NH_3(気)の生成熱は次の熱化学方程式で表されるものとする。

　　$\frac{3}{2}H_2$(気) ＋ $\frac{1}{2}N_2$(気) ＝ NH_3(気) ＋ 46 kJ

① 360　② 391　③ 1080　④ 1170　⑤ 2160　⑥ 2350

37 ダニエル電池

銅板と亜鉛板を電極として下の図のようなダニエル電池をつくり，電極間に電球をつないで放電させた。この電池について，次の問い（a・b）に答えよ。ただし，原子量は Cu＝63.5, Zn＝65 とし，ファラデー定数は $9.65×10^4$ C/mol とする。

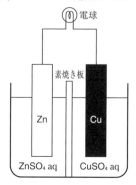

a 次の記述中の空欄（ ア ・ イ ）に当てはまる数値および語の組合せとして最も適当なものを，下の①〜⑥のうちから一つ選べ。

　一定時間放電させたところ，どちらの電極も物質量が $1.00×10^{-3}$ mol だけ変化した。このときに電球を流れた電気量は ア C で，亜鉛板の質量は 65 mg だけ イ した。

	ア	イ
①	193	増加
②	96.5	増加
③	64.3	増加
④	193	減少
⑤	96.5	減少
⑥	64.3	減少

b この実験に関する記述として**誤りを含むもの**を，次の①〜⑤のうちから一つ選べ。
① 放電を続けると，銅板側の水溶液の色がうすくなった。
② 銅板上には水素の泡が発生した。
③ 素焼き板のかわりに白金板を用いると電球は点灯しなかった。
④ 硫酸銅（Ⅱ）水溶液の濃度を高くすると，電球はより長い時間点灯した。
⑤ 亜鉛板と硫酸亜鉛水溶液のかわりにマグネシウム板と硫酸マグネシウム水溶液を用いても電球は点灯した。

38 鉛蓄電池

ある程度放電した鉛蓄電池を図1のように充電したとき，電解液中の硫酸イオンの質量の増加と，電極Aの質量の変化の関係を表す直線として最も適当なものを，図2の①〜⑤のうちから一つ選べ。ただし，原子量は O＝16，S＝32，Pb＝207 とし，電極の質量には表面に付着している固体の質量を含める。

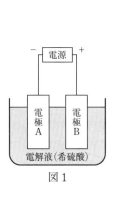

図1

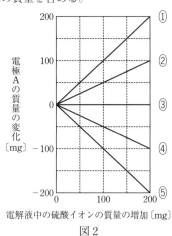

図2

39 燃料電池

右の図に示すように，水素を燃料とする燃料電池と質量 100 g の銅板 2 枚を電極とする電気分解装置を接続して，0.5 mol/L 硫酸銅(Ⅱ)水溶液 1.0 L の電気分解を行った。この燃料電池の負極では，水素が水素イオン H^+ となって電子を放出している。

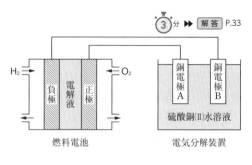

この実験において，燃料電池で消費した水素の標準状態における体積〔L〕と銅電極 A の質量〔g〕の関係を示すグラフとして最も適当なものを，次の①〜⑥のうちから一つ選べ。ただし，原子量は Cu＝64 とし，消費した水素が放出した電子は，すべて電気分解に使われるものとする。

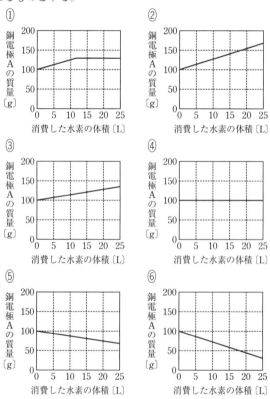

40 塩化ナトリウム水溶液の電気分解

下の図は，水酸化ナトリウムを得るために使用する塩化ナトリウム水溶液の電気分解実験装置を模式的に示したものである。電極の間は，陽イオンだけを通過させる陽イオン交換膜で仕切られている。一定電流を1時間流したところ，陰極側で 2.00 g の水酸化ナトリウムが生成した。流した電流は何 A であったか。最も適当な数値を，下の①〜⑤のうちから一つ選べ。ただし，原子量は H=1.0，O=16，Na=23 とし，ファラデー定数は $9.65×10^4$ C/mol とする。

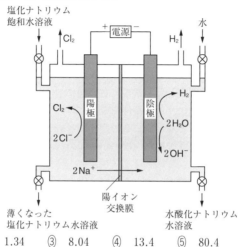

① 0.804　② 1.34　③ 8.04　④ 13.4　⑤ 80.4

41 電気分解における電気量と物質量

ある電解質Aの水溶液を，白金電極を用いて電気分解したところ，通じた電気量と両極で生じた物質の物質量との関係が右図のようになった。電解質Aとして最も適当なものを，次の①〜⑤のうちから一つ選べ。ただし，ファラデー定数は $9.65×10^4$ C/mol とする。

① NaOH　② Na_2SO_4　③ KCl
④ $CuCl_2$　⑤ $AgNO_3$

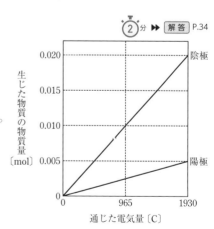

42 化学反応の速度

次の問い（**a**・**b**）に答えよ。

a 化学反応に対する触媒の作用について正しい記述を，次の①〜⑤のうちから一つ選べ。

① 触媒の作用をもつものはすべて固体である。
② 触媒の作用により反応熱が大きくなる。
③ 触媒の作用により反応の経路が変わる。
④ 触媒の作用により正反応の速さは増すが，逆反応の速さは変わらない。
⑤ 化学平衡の状態になったところに触媒を加えると，平衡が移動し生成物の量が増す。

b 容積を変えることができる容器に，気体を入れて，気体分子の速さの分布を測定したところ，右の図に示す曲線Aが得られた。次に，ある条件を変えて再び測定したところ，曲線Bとなった。この変化に対応する操作として最も適当な記述を，次の①〜④のうちから一つ選べ。

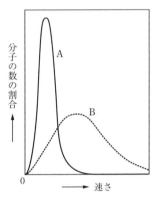

① 気体の種類を変えず，温度一定のもとで，圧力を増加させた。
② 気体の種類を変えず，圧力一定のもとで，温度を上昇させた。
③ 気体の種類を変えず，温度，圧力一定のもとで，分子の数を増すことによって体積を増加させた。
④ 温度，圧力，体積一定のもとで，気体の種類を分子量のより大きなものに変えた。

43 反応速度の時間変化

ある濃度の過酸化水素水 100 mL に,触媒としてある濃度の塩化鉄(Ⅲ)水溶液を加え 200 mL とした。発生した酸素の物質量を,時間を追って測定したところ,反応初期と反応全体では,それぞれ,図1と図2のようになり,過酸化水素は完全に分解した。この結果に関する下の問い (**a・b**) に答えよ。ただし,混合水溶液の温度と体積は一定に保たれており,発生した酸素は水に溶けないものとする。

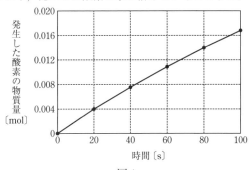

図 1

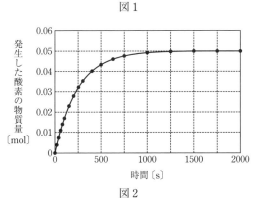

図 2

a 混合する前の過酸化水素水の濃度は何 mol/L か。最も適当な数値を,次の①～⑥のうちから一つ選べ。
① 0.050 ② 0.10 ③ 0.20 ④ 0.50 ⑤ 1.0 ⑥ 2.0

b 最初の20秒間において,混合水溶液中の過酸化水素の平均の分解速度は何 mol/(L·s) か。最も適当な数値を,次の①～⑥のうちから一つ選べ。
① 4.0×10^{-4} ② 1.0×10^{-3} ③ 2.0×10^{-3}
④ 4.0×10^{-3} ⑤ 1.0×10^{-2} ⑥ 2.0×10^{-2}

44 反応速度と濃度

物質AとBは次式のように反応して物質Cを生成する。

　　A + B ⟶ C

この反応の反応速度 v は，反応速度定数を k，AとBのモル濃度をそれぞれ [A]，[B] とすると，$v=k[A][B]$ で表される。

濃度がともに 0.040 mol/L のAとBの水溶液を同体積ずつ混合して，温度一定のもとで反応時間とCの濃度の関係を調べたところ下の図のようになり，最終的にCの濃度は 0.020 mol/L になった。

同様の実験をAの水溶液の濃度のみを2倍に変えて行ったとき，反応開始直後の反応速度と最終的なCの濃度の組合せとして最も適当なものを，下の①～⑥のうちから一つ選べ。

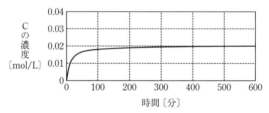

	反応開始直後の反応速度	最終的なCの濃度〔mol/L〕
①	増加した	0.040
②	変化しなかった	0.040
③	増加した	0.020
④	変化しなかった	0.020
⑤	増加した	0.010
⑥	変化しなかった	0.010

45 化学平衡とルシャトリエの原理

アンモニアの合成反応に関する次の文章を読み，下の問い(a~c)に答えよ。

次の図は，窒素ガスと水素ガスを1：3の体積比で混合し，P_1, P_2, P_3, P_4, P_5〔Pa〕の圧力一定下で，それぞれ温度を変化させたときの平衡状態におけるアンモニアガスの生成する割合を示したものである。

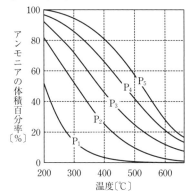

a　この反応の反応式を記した以下の空欄　ア　，　イ　に当てはまる係数の組合せとして，最も適当なものを，下の①~⑥のうちから一つ選べ。

N_2 + ［ア］H_2 ⇌ ［イ］NH_3

	ア	イ
①	1	1
②	1	2
③	2	1
④	2	2
⑤	3	1
⑥	3	2

b このアンモニアが生成する反応が発熱反応か吸熱反応かを，図から推定するときの理由と結果について，最も適当なものを，次の①～⑥のうちから一つ選べ。

① 縦軸の値を一定としたとき，P_1 よりも P_5 のグラフのほうが，より横軸の値が大きいので，発熱反応である。

② 縦軸の値を一定としたとき，P_1 よりも P_5 のグラフのほうが，より横軸の値が大きいので，吸熱反応である。

③ 横軸の値を一定としたとき，P_1 よりも P_5 のグラフのほうが，より縦軸の値が大きいので，発熱反応である。

④ 横軸の値を一定としたとき，P_1 よりも P_5 のグラフのほうが，より縦軸の値が大きいので，吸熱反応である。

⑤ 同じグラフで比較すると，横軸の値が小さくなるほど縦軸の値が増大するので発熱反応である。

⑥ 同じグラフで比較すると，横軸の値が小さくなるほど縦軸の値が増大するので吸熱反応である。

c 前ページの図の P_1 と P_5 の大小関係を推定するときの理由と結果について，最も適当なものを，次の①～⑥のうちから一つ選べ。

① 正反応は，気体分子数が減少する反応なので，高圧で平衡が生成物側に移動するから $P_1 < P_5$ である。

② 正反応は，気体分子数が減少する反応なので，高圧で平衡が生成物側に移動するから $P_1 > P_5$ である。

③ 正反応は，気体分子数が減少する反応なので，低圧で平衡が生成物側に移動するから $P_1 < P_5$ である。

④ 正反応は，気体分子数が減少する反応なので，低圧で平衡が生成物側に移動するから $P_1 > P_5$ である。

⑤ 正反応は，気体分子数が増大する反応なので，高圧で平衡が生成物側に移動するから $P_1 < P_5$ である。

⑥ 正反応は，気体分子数が増大する反応なので，高圧で平衡が生成物側に移動するから $P_1 > P_5$ である。

46 化学平衡と物質量

1.0 mol の気体Aのみが入った密閉容器に 1.0 mol の気体Bを加えたところ、気体CおよびDが生成して、次式の平衡が成立した。

$$A + B \rightleftharpoons C + D$$

このときのCの物質量として最も適当な数値を、次の①〜⑤のうちから一つ選べ。ただし、容器内の温度と体積は一定とし、この温度における反応の平衡定数は 0.25 とする。

① 0.25 ② 0.33 ③ 0.50 ④ 0.67 ⑤ 0.75

47 化学平衡と圧平衡定数

無色の四酸化二窒素 N_2O_4 は一部が解離し、赤褐色の二酸化窒素 NO_2 を生じ、次式のような平衡状態になる。

$$N_2O_4 (気) \rightleftharpoons 2NO_2 (気)$$

容積を変えることができるピストン付きの真空容器に N_2O_4 を 5.0×10^{-2} mol 封入し、温度 T〔K〕、圧力 1.5×10^5 Pa に保ち平衡に到達させたところ、気体の全物質量は 7.5×10^{-2} mol となった。次の問い（a〜c）に答えよ。

a このときの N_2O_4 の解離度として最も適当な数値を、次の①〜⑥のうちから一つ選べ。なお、解離度とは最初に封入した N_2O_4 の物質量に対する解離した N_2O_4 の物質量の割合であり、0 と 1 の間の値をとる。

① 0.20 ② 0.30 ③ 0.40 ④ 0.50 ⑤ 0.60 ⑥ 0.70

b この温度での圧平衡定数 K_p〔Pa〕として最も適当な数値を、次の①〜⑥のうちから一つ選べ。

① 1.0×10^4 ② 2.5×10^4 ③ 5.0×10^4
④ 1.0×10^5 ⑤ 1.5×10^5 ⑥ 2.0×10^5

c 温度 T〔K〕に保ったまま、ピストンを押して圧力を上げていったとき、N_2O_4 の解離度ははじめの解離度と比較してどうなるか。次の①〜③のうちから一つ選べ。

① 大きくなる ② 小さくなる ③ 変わらない

48 酢酸の電離平衡

次の問い（a・b）に答えよ。

a 次の ア ～ エ に当てはまるものを，下の①～⑥のうちからそれぞれ一つずつ選べ。

濃度 c [mol/L] の酢酸水溶液の水素イオン濃度を考えてみよう。酢酸は弱酸なので，水溶液中で以下のように一部が電離して酢酸イオンと水素イオンになる。

$$CH_3COOH \rightleftarrows CH_3COO^- + H^+$$

このときの電離度を α とすると，酢酸イオンの濃度は ア となる。同様に，電離していない酢酸は $c(1-\alpha)$ と表されるが，α は 1 に比べて非常に小さいので， イ と近似できる。また，水素イオンは酢酸から酢酸イオンを生じたときに同時に生じるものなので，水素イオンの濃度は酢酸イオンの濃度と等しい。酢酸の電離定数 K_a を c と α を用いて表すと，$K_a =$ ウ となる。この K_a と c を用いて水素イオン濃度を表すと エ となる。

① $\sqrt{cK_a}$　② $\sqrt{\dfrac{c}{K_a}}$　③ $\sqrt{\dfrac{K_a}{c}}$　④ c　⑤ $c\alpha$　⑥ $c\alpha^2$

b 酢酸の 25°C での電離定数は，2.7×10^{-5} mol/L である。25°C における酢酸水溶液の濃度と電離度の関係を表すグラフとして最も適当なものを，次の①～⑥のうちから一つ選べ。ただし，$\sqrt{2.7} = 1.6$ とする。

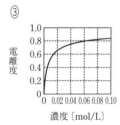

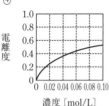

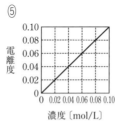

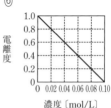

49 緩衝液

0.10 mol/L 酢酸と 0.20 mol/L 酢酸ナトリウム水溶液を 100 mL ずつ混合した溶液では，以下の二つの電離が起こる。

CH₃COOH ⇌ CH₃COO⁻ + H⁺ ……(1)

CH₃COONa ⟶ CH₃COO⁻ + Na⁺ ……(2)

次の問い（**a**・**b**）に答えよ。なお，酢酸の電離定数は $K_a = 2.8 \times 10^{-5}$ mol/L とし，$\log_{10} 1.4 = 0.15$，$\log_{10} 2.8 = 0.45$，$\log_{10} 5.6 = 0.75$ とする。

a この溶液の pH はいくらか。最も近い数値を，次の①～⑥のうちから一つ選べ。
① 4.25　② 4.55　③ 4.85　④ 5.25　⑤ 5.55　⑥ 5.85

b この溶液に，5.0 mol/L の塩酸を 2.0 mL 加えると，pH はいくらになるか。最も近い数値を，次の①～⑥のうちから一つ選べ。ただし，塩酸を加えたときの溶液の体積増加は無視してよい。
① 4.25　② 4.55　③ 4.85　④ 5.25　⑤ 5.55　⑥ 5.85

50 アンモニアの電離定数

水溶液中では，アンモニア NH₃ は塩基としてはたらき，その一部が次の(1)式のように電離して平衡状態になる。一方，アンモニウムイオン NH₄⁺ は酸としてはたらき，(2)式のように反応してオキソニウムイオン H₃O⁺ を生じる。

NH₃ + H₂O ⇌ NH₄⁺ + OH⁻ ……(1)

NH₄⁺ + H₂O ⇌ H₃O⁺ + NH₃ ……(2)

(2)式の平衡定数 K は，

$$K = \frac{[H_3O^+][NH_3]}{[NH_4^+][H_2O]}$$

で表され，$K[H_2O]$ を K_a 〔mol/L〕とし，H_3O^+ を H^+ と略記すると，

$$K_a = \frac{[H^+][NH_3]}{[NH_4^+]}$$

となる。NH₃ の電離定数 K_b〔mol/L〕を求める式として正しいものを，次の①～⑥のうちから一つ選べ。ただし，水のイオン積を K_w〔mol²/L²〕とする。

① $\sqrt{K_a K_w}$　② $\sqrt{\dfrac{K_w}{K_a}}$　③ $\sqrt{\dfrac{K_a}{K_w}}$

④ $K_a K_w$　⑤ $\dfrac{K_w}{K_a}$　⑥ $\dfrac{K_a}{K_w}$

40 第2章 物質の状態と変化

51 溶解度積

③分 ▶▶ 解答 P.41

右の表に示す濃度の硝酸銀水溶液 100 mL と塩化ナトリウム水溶液 100 mL を混合する**実験1～3**を行った。**実験1～3**での沈殿生成の有無の組合せとして最も適当なものを，次の①～⑧のうちから一つ選べ。ただし，塩化銀の溶解度積を，$1.8×10^{-10}\,mol^2/L^2$ とする。

	硝酸銀水溶液の濃度〔mol/L〕	塩化ナトリウム水溶液の濃度〔mol/L〕
実験1	$2.0×10^{-3}$	$2.0×10^{-3}$
実験2	$2.0×10^{-5}$	$2.0×10^{-5}$
実験3	$2.0×10^{-5}$	$1.0×10^{-5}$

	実験1での沈殿生成の有無	実験2での沈殿生成の有無	実験3での沈殿生成の有無
①	有	有	有
②	有	有	無
③	有	無	有
④	有	無	無
⑤	無	有	有
⑥	無	有	無
⑦	無	無	有
⑧	無	無	無

実戦問題

52 状態変化

状態変化に関する次の問い(**問1・問2**)に答えよ。

問1 なめらかに動くピストン付きの密閉容器に 20 °C で CO_2 を入れ，圧力 600 Pa に保ち，温度を 20 °C から −140 °C まで変化させた。このとき，容器内の CO_2 の温度 t と体積 V の関係を模式的に表した図として最も適当なものを，下の①〜④のうちから一つ選べ。ただし，温度 t と圧力 p において CO_2 がとりうる状態は図1のようになる。なお，図1は縦軸が対数で表されている。

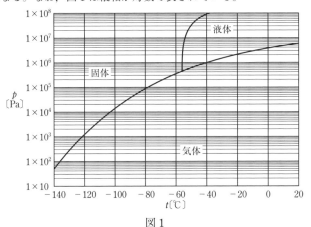

図1

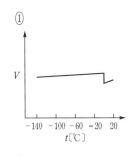

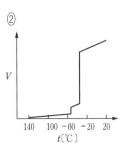

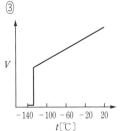

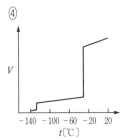

問2 X，Y 2つの純物質は，いずれも0℃で固体であり，両者のモル質量は等しい。これらを各々1.0 gずつ別のピストン付き密閉容器に入れ，容器に一定の速度で熱量を加えていったところ，図2に示す結果が得られた。この結果からわかることとして最も適当なものを，下の①～⑥のうちから一つ選べ。なお，圧力は一定であり，測定していない温度領域については考慮しなくてよい。また，比熱とは物質1 gを温度1 K上昇させるのに必要な熱量〔J/(g·K)〕，融解熱，蒸発熱とは物質1 molを融解，蒸発させるのに必要な熱量〔kJ/mol〕である。

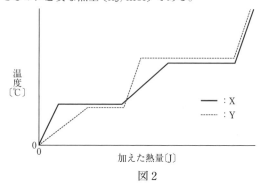

図2

① 固体の比熱はXのほうが大きく，蒸発熱はYのほうが大きい。
② 液体の比熱はXのほうが大きく，蒸発熱はYのほうが大きい。
③ 固体の比熱はXのほうが大きく，融解熱はYのほうが大きい。
④ 液体の比熱はXのほうが大きく，融解熱はYのほうが大きい。
⑤ 固体の比熱，融解熱ともにXのほうが大きい。
⑥ 液体の比熱，蒸発熱ともにXのほうが大きい。

(問1：共通テスト試行調査，問2：オリジナル)

53 固体の溶解度

次の表は，硝酸カリウム KNO₃ の水に対する溶解度を示している。KNO₃ の溶解度曲線を下の方眼紙に作図し，下の問い（問1～3）に答えよ。ただし，KNO₃ の式量を M とする。

温度〔°C〕	0	10	20	30	40	50
溶解度	13	22	32	46	64	85

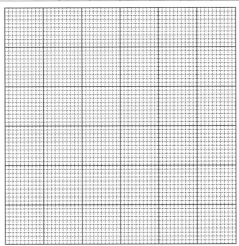

問1 27°C の硝酸カリウム KNO₃ 飽和水溶液の質量モル濃度〔mol/kg〕を表した式として最も適当なものを，次の①～⑥のうちから一つ選べ。

① $\dfrac{100}{M}$　② $\dfrac{200}{M}$　③ $\dfrac{400}{M}$　④ $\dfrac{670}{M}$　⑤ $\dfrac{940}{M}$　⑥ $\dfrac{1300}{M}$

問2 45°C で水に硝酸カリウム KNO₃ を飽和させ，500 g の水溶液をつくった。これを 15°C まで冷却したとき析出する KNO₃ の質量〔g〕として最も値が近いものを，次の①～⑥のうちから一つ選べ。

① 30　② 45　③ 60　④ 90　⑤ 130　⑥ 230

問3 硫酸ナトリウムは，32°C 以下で水溶液から析出するときは，十水和物 Na₂SO₄·10H₂O の形で析出する。32°C において，質量パーセント濃度で 25% の Na₂SO₄（無水物）を含む水溶液 400 g を，24°C まで冷却したとき析出する Na₂SO₄·10H₂O の質量〔g〕を表した式を，次の①～⑥のうちから一つ選べ。ただし，24°C における Na₂SO₄（無水物）の水に対する溶解度は 20 である。また，Na₂SO₄ の式量および H₂O の分子量は，それぞれ A および a とする。

① $\dfrac{20A}{A+10a}$　② $\dfrac{40A}{A+10a}$　③ $\dfrac{20(A-2a)}{A+10a}$

④ $\dfrac{40(A-2a)}{A+10a}$　⑤ $\dfrac{20(A+10a)}{A-2a}$　⑥ $\dfrac{40(A+10a)}{A-2a}$

(弘前大・改)

44　第2章　物質の状態と変化

54 凝固点降下と冷却曲線　　　⏱5分 ▶ 解答 P.47

　シクロヘキサン 15.80 g にナフタレン 30.0 mg を加えて完全に溶かした。その溶液を氷水で冷却し，よくかき混ぜながら溶液の温度を1分ごとに測定したところ，表1のようになった。下の問い（**問1・問2**）に答えよ。必要があれば，表2の数値と次のページの方眼紙を使うこと。

表1

時間〔分〕	温度〔℃〕
3	6.89
4	6.58
5	6.30
6	6.08
7	6.18
8	6.19
9	6.18
10	6.17
11	6.16
12	6.15
13	6.14
14	6.12
15	6.11

表2

	シクロヘキサン	ナフタレン
分子量	84.2	128
融点〔℃〕	6.52	80.5

問1　この溶液の凝固点を求めると何℃になるか。最も適当な数値を，次の①〜④のうちから一つ選べ。

　① 6.08　　② 6.19　　③ 6.22　　④ 6.28

問2 問1で選んだ溶液の凝固点を用いて，シクロヘキサンのモル凝固点降下を求めると，何 K·kg/mol になるか。有効数字2桁で次の形式で表すとき，　ア　〜　ウ　に当てはまる数字を，下の①〜⓪のうちから一つずつ選べ。ただし，同じものを繰り返し選んでもよい。

　ア　.　イ　×10^　ウ　 K·kg/mol
① 1　② 2　③ 3　④ 4　⑤ 5
⑥ 6　⑦ 7　⑧ 8　⑨ 9　⓪ 0

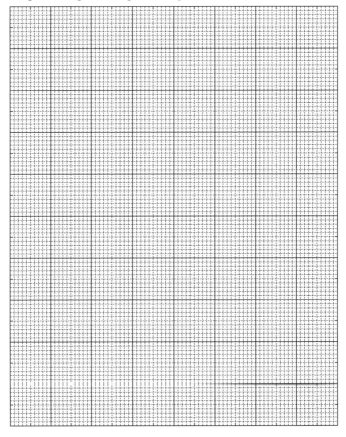

（共通テスト試行調査）

55 反応熱の測定と比熱

水酸化ナトリウムの水への溶解熱を近似的に求める実験に関して,次の文章を読み,下の問い(**問 1 〜 4**)に答えよ。

フラスコに水 a〔g〕を入れて温度を測定したところ,室温と同じ 25.0 °C であった。b〔g〕の水酸化ナトリウムを加えてかき混ぜ,すばやく溶かした。水酸化ナトリウムを加えたときから 30 秒毎に液温を測定したところ,次に示す表のようになった。

時間〔秒〕	0	30	60	90	120	150	180	210	240	270	300
温度〔°C〕	25.0	30.0	33.1	34.2	34.3	34.1	34.0	33.9	33.7	33.6	33.4

←――――― Ⅰ ―――――→←――――――― Ⅱ ―――――――→

問 1 表に示した測定結果を次のグラフ上に目盛り,なめらかな線で結んで,温度変化を示すグラフを作図せよ。そのうえで,表の Ⅱ の領域に見られる温度変化が起こる理由として最も適当なものを,下の ① 〜 ⑥ のうちから一つ選べ。

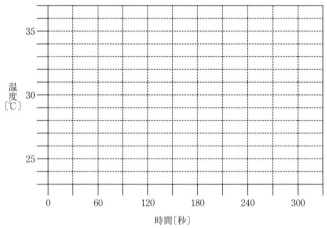

① 溶液の濃度が徐々に増加していくから。
② 溶液の濃度が徐々に減少していくから。
③ 溶液の液量が徐々に増加していくから。
④ 溶液の液量が徐々に減少していくから。
⑤ 周囲から溶液に熱量が移動するから。
⑥ 溶液から周囲に熱量が移動するから。

問2 問1で作成したグラフで，表のⅡの領域の温度変化を左へ直線で延長して時間0秒での温度上昇を推定せよ。その値〔K〕として最も近いものを，次の①～⑥のうちから一つ選べ。

① 5.0   ② 8.0   ③ 10.0   ④ 15.0   ⑤ 25.0   ⑥ 35.0

問3 問2で求めた値を c〔K〕とし，この溶液の比熱を d〔J/(g・K)〕とする。この実験における発熱量〔J〕を表す式として最も適当なものを，次の①～⑥のうちから一つ選べ。

① $\dfrac{a(b+c)}{d}$ ② $\dfrac{b(a+c)}{d}$ ③ $\dfrac{c(a+b)}{d}$

④ $ab(c+d)$ ⑤ $ad(b+c)$ ⑥ $cd(a+b)$

問4 問3で得られた値を e〔J〕とし，水酸化ナトリウムの式量を M とする。水酸化ナトリウムの溶解熱〔kJ/mol〕を表す式として最も適当なものを，次の①～⑥のうちから一つ選べ。

① $\dfrac{eM}{1000b}$ ② $\dfrac{e}{1000bM}$ ③ $\dfrac{bM}{1000e}$

④ $\dfrac{b}{1000eM}$ ⑤ $\dfrac{1000M}{be}$ ⑥ $\dfrac{1000be}{M}$

（愛知教育大・改）

48　第2章　物質の状態と変化

56 炭化水素の燃焼熱　⏱⑦分 ▶ 解答 P.50

　火力発電所で排出される二酸化炭素の削減について考える。種々の物質の燃焼熱を示した次の表を参考にして，下の問い（**問1～4**）に答えよ。

　　　表　化合物の燃焼熱，n（炭素数），E（燃焼反応によって発生する熱量（生成する二酸化炭素1 mol あたりの値））。ただし，nとEは一部のみ記載。

化合物	（状態）	燃焼熱〔kJ/mol〕	n	E
メタン CH_4	（気体）	890	1	890
エタン C_2H_6	（気体）	1560	2	780
プロパン C_3H_8	（気体）	2220	3	
ペンタン C_5H_{12}	（液体）	3510	5	
ヘキサン C_6H_{14}	（液体）	4164	6	
イソオクタン C_8H_{18}	（液体）	5464	8	
デカン $C_{10}H_{22}$	（液体）	6790	10	
ドデカン $C_{12}H_{26}$	（液体）	8088	12	
ポリエチレン	（固体）	650*		650
ベンゼン C_6H_6	（液体）	3270	6	
ナフタレン $C_{10}H_8$	（固体）	5160	10	

　＊構成単位（CH_2）についての値（重合度の2倍で割った値）

問1　表のメタンからドデカンまでの8種類のアルカンについて，炭素数nを横軸，生成する二酸化炭素1 mol あたりの燃焼熱E〔kJ/mol〕を縦軸にとったグラフを，次のページの方眼紙に記せ。そのうえで，グラフから炭化水素のnとEとの関係についての記述として最も適当なものを，次の①～⑥のうちから一つ選べ。

①　Eの値は，nが奇数のときに大きく，偶数のときに小さい傾向にある。

②　Eの値は，nが偶数のときに大きく，奇数のときに小さい傾向にある。

③　Eの値は，nに関係なく一定である。

④　Eの値は，nの増加とともに単調に増加し，650 kJ/mol に収束する。

⑤　Eの値は，nの増加とともに単調に減少し，650 kJ/mol に収束する。

⑥　Eの値は $n=6$ まではnの増加とともに単調に増加するが，その後減少に転ずる。

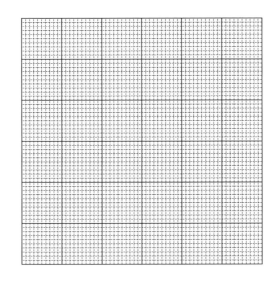

問2　作成したグラフより，ブタンの燃焼熱はおよそ何 kJ/mol と予想されるか。最も適当な値を，次の①〜⑥のうちから一つ選べ。
① 650　② 900　③ 1500　④ 2200　⑤ 2600　⑥ 2900

問3　石炭を乾留すると，種々の芳香族化合物が得られる。これは，石炭が芳香族炭化水素に近い構造をもつからである。石炭に含まれる炭素と水素の原子数の比を 1：1 と考えると，石炭の E の値はおよそ何 kJ と推定されるか。最も適当な値を，次の①〜⑥のうちから一つ選べ。ただし，石炭に含まれる炭素，水素以外の元素の存在は無視すること。
① 550　② 650　③ 750　④ 850　⑤ 950　⑥ 1050

問4　一定の燃焼熱を得るとき，最も二酸化炭素の排出量が少ない燃料を，次の①〜④のうちから一つ選べ。
① 石炭（主成分は芳香族炭化水素）
② 石油（主成分は炭素数が 5 以上の飽和炭化水素）
③ 天然ガス（主成分はメタンやエタンなどのアルカン）
④ ポリエチレン

(奈良県立医科大・改)

57 反応速度とデータ処理

次の文章を読み,下の問い(**問1・問2**)に答えよ。

分子Aが分子Bに変化する反応があり,その化学反応式はA→Bで表される。1.00 mol/LのAの溶液に触媒を加えて,この反応を開始させ,1分ごとのAの濃度を測定したところ,次の表に示す結果が得られた。ただし,測定中は温度が一定で,B以外の生成物はなかったものとする。

表 Aの濃度と反応速度の時間変化

時間〔min〕	0	1	2	3	4
Aの濃度 c〔mol/L〕	1.00	0.60	0.36	0.22	0.14
Aの平均濃度 $\bar{c}$〔mol/L〕		0.80	[ ]	0.29	[ ]
平均の反応速度 $\bar{v}$〔mol/(L・min)〕		[ ]	0.24	0.14	0.08

問1 Bの濃度は時間の経過とともにどのように変わるか。Bの濃度変化のグラフとして最も適当なものを,次の①~⑥のうちから一つ選べ。

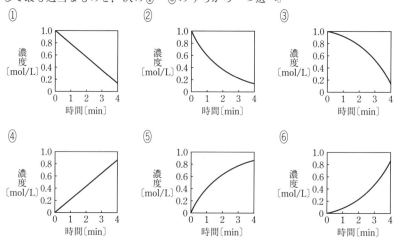

問2 前ページの表の空欄 [　] を補うと，平均濃度 $\bar{c}$ と平均の反応速度 $\bar{v}$ の間には，次の式で表される関係があることがわかった。

$$\bar{v} = k\bar{c}$$

ここで，k は反応速度定数（速度定数）〔/min〕である。この濃度での k の値として最も適当なものを，次の①〜⑥のうちから一つ選べ。なお，必要があれば，下の方眼紙を使うこと。

① 0.008　　② 0.03　　③ 0.08　　④ 0.3　　⑤ 0.5　　⑥ 2

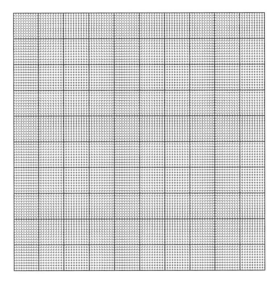

（共通テスト試行調査）

58 炭酸化学種のモル分率と pH

次の文章を読み，下の問い（問1・問2）に答えよ。

私たちが暮らす地球の大気には二酸化炭素 CO_2 が含まれている。$\underline{CO_2 が水に溶ける}$と，その一部が炭酸 H_2CO_3 になる。

$$CO_2 + H_2O \rightleftharpoons H_2CO_3$$

このとき，H_2CO_3，炭酸水素イオン HCO_3^-，炭酸イオン CO_3^{2-} の間に次の(1)式，(2)式のような電離平衡が成り立っている。ここで，(1)式，(2)式における電離定数をそれぞれ K_1，K_2 とする。

$$H_2CO_3 \rightleftharpoons H^+ + HCO_3^- \quad \cdots\cdots(1)$$
$$HCO_3^- \rightleftharpoons H^+ + CO_3^{2-} \quad \cdots\cdots(2)$$

(1)式，(2)式が H^+ を含むことから，水中の H_2CO_3，HCO_3^-，CO_3^{2-} の割合は pH に依存し，pH を変化させると下の図のようになる。

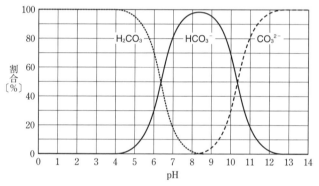

問1 下線部に関連して，25 ℃，1.0×10^5 Pa の地球の大気と接している水 1.0 L に溶ける CO_2 の物質量は何 mol か。最も適当な数値を，次の①〜⑤のうちから一つ選べ。ただし，CO_2 の水への溶解はヘンリーの法則のみに従い，25 ℃，1.0×10^5 Pa の CO_2 は水 1.0 L に 0.033 mol 溶けるものとする。また，地球の大気は CO_2 を体積で 0.040 % 含むものとする。

① 3.3×10^{-2} ② 1.3×10^{-3} ③ 6.5×10^{-4}
④ 1.3×10^{-5} ⑤ 6.5×10^{-6}

問2 (2)式における電離定数 K_2 に関する次の問い(**a・b**)に答えよ。

a 電離定数 K_2 を次の(3)式で表すとき，$\boxed{\text{ア}}$ と $\boxed{\text{イ}}$ に当てはまる最も適当なものを，下の①~⑤のうちからそれぞれ一つずつ選べ。

$$K_2 = [\text{H}^+] \times \frac{\boxed{\text{ア}}}{\boxed{\text{イ}}} \quad \cdots\cdots(3)$$

① $[\text{H}^+]$ ② $[\text{HCO}_3^-]$ ③ $[\text{CO}_3^{2-}]$ ④ $[\text{HCO}_3^-]^2$ ⑤ $[\text{CO}_3^{2-}]^2$

b 電離定数の値は数桁にわたるので，K_2 の対数をとって $\text{p}K_2\,(=-\log_{10}K_2)$ として表すことがある。(3)式を変形した次の(4)式と前ページの図を参考に，$\text{p}K_2$ の値を求めると，およそいくらになるか。最も適当な数値を，下の①~⑤のうちから一つ選べ。

$$-\log_{10}K_2 = -\log_{10}[\text{H}^+] - \log_{10}\frac{\boxed{\text{ア}}}{\boxed{\text{イ}}} \quad \cdots\cdots(4)$$

① 6.3 ② 7.3 ③ 8.3 ④ 9.3 ⑤ 10.3

（共通テスト試行調査）

59 溶解度積

次の文章を読み，下の問い(**問1**・**問2**)に答えよ。

Cr^{3+} と Ni^{2+} を含む強酸性水溶液に塩基を加えていくと，水酸化物の沈殿が生じる。このとき，次式の平衡が成立する。

$Cr(OH)_3 \rightleftarrows Cr^{3+} + 3OH^-$　　$K_{sp} = [Cr^{3+}][OH^-]^3$

$Ni(OH)_2 \rightleftarrows Ni^{2+} + 2OH^-$　　$K'_{sp} = [Ni^{2+}][OH^-]^2$

この二つの溶解度積 K_{sp} と K'_{sp} は水酸化物イオン濃度 $[OH^-]$ を含むので，沈殿が生じているときの水溶液中の金属イオン濃度は pH によって決まる。これらの関係は次の図の直線で示される。ただし，水溶液の温度は一定とする。

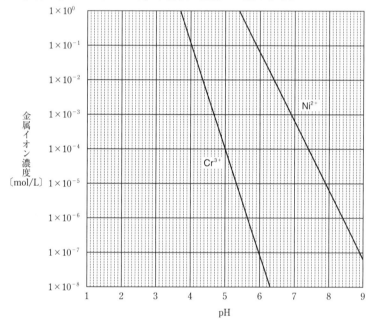

問1 Cr^{3+} を含む強酸性水溶液に水酸化ナトリウム水溶液を加えていき，pH が 4 になったとき，$Cr(OH)_3$ の沈殿が生じた。このとき水溶液中に含まれる Cr^{3+} の濃度として最も適当な数値を，次の①～⑨のうちから一つ選べ。

① 1.0×10^{-1} ② 1.0×10^{-2} ③ 1.0×10^{-3}

④ 1.0×10^{-4} ⑤ 1.0×10^{-5} ⑥ 1.0×10^{-6}

⑦ 1.0×10^{-7} ⑧ 1.0×10^{-8} ⑨ 1.0×10^{0}

問2 Cr^{3+} と Ni^{2+} を 1.0×10^{-1} mol/L ずつ含む強酸性水溶液に水酸化ナトリウム水溶液を徐々に加えて，Cr^{3+} を $Cr(OH)_3$ の沈殿として分離したい。ここでは，水溶液中の Cr^{3+} の濃度が 1.0×10^{-4} mol/L 未満であり，しかも $Ni(OH)_2$ が沈殿していないときに，Cr^{3+} を分離できたものとする。そのためには pH の範囲をどのようにすればよいか。有効数字 2 桁で次の形式で表すとき，$\boxed{ア}$ ～ $\boxed{エ}$ に当てはまる数字を，下の①～⓪のうちから一つずつ選べ。ただし，同じものを繰り返し選んでもよい。なお，水酸化ナトリウム水溶液を加えても水溶液の体積は変化しないものとする。

$$\boxed{ア}\,.\,\boxed{イ} < pH < \boxed{ウ}\,.\,\boxed{エ}$$

① 1   ② 2   ③ 3   ④ 4   ⑤ 5

⑥ 6   ⑦ 7   ⑧ 8   ⑨ 9   ⓪ 0

（共通テスト試行調査）

第3章 無機物質の性質

基本問題

60 炭素とケイ素

炭素とケイ素の単体および化合物に関する記述として**誤りを含むもの**を，次の①～⑥のうちから**二つ**選べ。
① 炭素の単体の黒鉛は，電気の良導体である。
② 炭素の酸化物は，いずれも常温・常圧で気体である。
③ ケイ素の結晶中では，1個のケイ素原子を中心に4個のケイ素原子が正四面体を形づくっている。
④ ケイ素は，地殻中に酸素に次いで多く存在している元素であるが，単体は天然には存在しない。
⑤ 二酸化ケイ素の結晶は，固体の二酸化炭素と同様に分子結晶である。
⑥ 二酸化ケイ素をフッ化水素酸に溶かすと，水ガラスができる。

61 窒素とリン

窒素とリンの単体および化合物に関する記述として**誤りを含むもの**を，次の①～⑥のうちから一つ選べ。
① 一酸化窒素は，銅に濃硝酸を反応させて得られる。
② 一酸化窒素は，酸素と反応して二酸化窒素を生じる。
③ 二酸化窒素は，赤褐色の気体である。
④ 二酸化窒素は，水と反応して硝酸を生じる。
⑤ リンの単体は，空気中で燃焼すると，十酸化四リン（五酸化二リン）になる。
⑥ 十酸化四リンは，水を加えて加熱すると，リン酸になる。

62 硫黄

硫黄の単体および化合物に関する次の問い（a・b）に答えよ。

a 硫黄の単体および化合物に関する記述として**誤りを含むもの**を，次の①～⑥のうちから**二つ**選べ。
① 単体は，石油の精製などに際して得られる。
② 二酸化硫黄の水溶液は，還元性を示し，また，弱い塩基性を示す。
③ 二酸化硫黄は，無色の有毒な気体である。
④ ゴム状硫黄と斜方硫黄は，互いに硫黄の同素体である。
⑤ 亜硫酸水素ナトリウムと希硫酸の反応により，二酸化硫黄が発生する。
⑥ 硫化水素は，2価の弱酸であり，ヨウ素によって還元される。

b 硫酸に関する記述として**誤りを含むもの**を，次の①～⑥のうちから**二つ**選べ。
① 硫酸は2価の酸である。
② スズに希硫酸を加えると，水素 H_2 が発生する。
③ Ba^{2+} を含む水溶液に希硫酸を加えると沈殿が生じる。
④ 濃硫酸を塩化ナトリウムに加えて加熱すると塩化水素が発生するのは，硫酸の酸化作用によって起こる反応である。
⑤ 濃硫酸を銅片に加えて加熱すると気体が発生して銅片が溶けるのは，硫酸の不揮発性によって起こる反応である。
⑥ 濃硫酸を加えるとスクロース（ショ糖）が黒くなるのは，硫酸の脱水作用によって起こる反応である。

63 ハロゲン

ハロゲンの単体および化合物に関する記述として**誤りを含むもの**を，次の①～⑥のうちから**一つ**選べ。
① フッ素は水を酸化する。
② フッ化水素酸は弱酸である。
③ 塩化銀は，アンモニア水に溶ける。
④ 次亜塩素酸は，塩素がとりうる最大の酸化数をもつオキソ酸である。
⑤ 単体の沸点は，フッ素＜塩素＜臭素の順に高くなる。
⑥ 臭化カリウムの水溶液に塩素を吹き込むと，臭素が生成する。

64 貴ガス（希ガス）

貴ガス（希ガス）に関する記述として**誤りを含むもの**を，次の①〜⑥のうちから一つ選べ。
① 貴ガスの単体は，すべて単原子分子である。
② 大気中に最も多く存在する貴ガスは，ヘリウムである。
③ 貴ガスの気体は，いずれも無色・無臭である。
④ アルゴンは，電球の封入ガスに用いられる。
⑤ ネオンは，広告用の表示機器に用いられる。
⑥ ヘリウムは，気球や飛行船の充填ガスに用いられる。

65 アルカリ金属と2族元素

アルカリ金属および2族元素の化合物に関する記述として**誤りを含むもの**を，次の①〜⑥のうちから一つ選べ。
① $Na_2CO_3 \cdot 10H_2O$ を乾いた空気中に放置すると，水和水の一部が失われる。
② $NaHCO_3$ を空気中に放置すると，Na_2CO_3 を生じる。
③ KOH を空気中に放置すると，K_2CO_3 を生じる。
④ $CaCO_3$ の沈殿を含む水溶液に CO_2 を吹き込むと，沈殿は $Ca(HCO_3)_2$ となって溶ける。
⑤ CaO を希塩酸に加えると，$CaCl_2$ を生成する。
⑥ $MgSO_4$ は水に溶けやすいが，$CaSO_4$ は水に溶けにくい。

66 アルミニウム

アルミニウムに関する次の記述 a〜f のうち，**誤りを含むもの**はいくつあるか。正しい数を，下の①〜⑥のうちから一つ選べ。
a アルミニウムは，融解した氷晶石に酸化アルミニウムを溶かし，電気分解により製造される。
b アルミニウムは，強塩基の水溶液と反応し，水素を発生する。
c アルミニウムは，希硝酸に溶けにくい。
d ミョウバンは，硫酸カリウムと硫酸アルミニウムの混合水溶液から得られる。
e 酸化アルミニウムと鉄の粉末の混合物を加熱すると，発熱して単体のアルミニウムが生成する。
f 水酸化アルミニウムは，アンモニア水によく溶ける。
① 1　② 2　③ 3　④ 4　⑤ 5　⑥ 6

67 遷移元素の性質

第4周期の遷移元素に関する記述として**誤りを含むもの**を，次の①〜⑥のうちから一つ選べ。

① 他のイオンや分子と結合した錯イオンを形成するものがある。
② イオンや化合物は，有色のものがある。
③ 原子の最外殻電子の数は，族番号の1桁目に一致する。
④ 融点が高く，密度が大きい単体が多い。
⑤ 酸化数 +6 以上の原子を含む化合物が存在する。
⑥ すべて金属元素である。

68 鉄・マンガン・クロム

鉄・マンガン・クロムの単体および化合物に関する記述として**誤りを含むもの**を，次の①〜⑥のうちから一つ選べ。

① 鉄は，銀よりも電気伝導性が大きい。
② 赤さびの主成分は，酸化数が +Ⅲ (+3) の鉄の化合物である。
③ Fe^{3+} を含む水溶液に，チオシアン酸カリウム KSCN 水溶液を加えると，血赤色溶液となる。
④ クロム酸イオンと二クロム酸イオンのクロム原子の酸化数は等しい。
⑤ クロム酸イオンは，水溶液中で鉛(Ⅱ)イオンと反応して黄色沈殿を生じる。
⑥ 過マンガン酸イオンは，水溶液中で赤紫色を示す。

69 銅

銅の単体および化合物に関する記述として**誤りを含むもの**を，次の①〜⑥のうちから**二つ**選べ。

① 銅は，湿った空気中では緑色のさびを生じる。
② 水酸化銅(Ⅱ)を加熱すると，酸化銅(Ⅱ)に変化する。
③ 銅の電解精錬では，陽極の下に，銅よりイオン化傾向の小さい金属が沈殿する。
④ 硫酸銅(Ⅱ)水溶液に，亜鉛の粒を加えると，単体の銅が析出する。
⑤ 硫酸銅(Ⅱ)水溶液に，希塩酸を加えて硫化水素を通じても，沈殿は生じない。
⑥ 硫酸銅(Ⅱ)水溶液に，水酸化ナトリウム水溶液を少量加えると沈殿が生じるが，さらに加えると生じた沈殿が溶ける。

70 イオンの沈殿

次のaおよびbの3種類のイオンを含む各水溶液から，下線を引いたイオンのみを沈殿として分離したい。最も適当な方法を，下の①〜④のうちからそれぞれ一つずつ選べ。ただし，同じものを選んでもよい。

a　<u>Pb²⁺</u>，Fe²⁺，Ca²⁺　　b　<u>Cu²⁺</u>，Pb²⁺，Al³⁺

① 水酸化ナトリウム水溶液を過剰に加える。
② アンモニア水を過剰に加える。
③ 室温で希塩酸を加える。
④ アンモニア水を加えて塩基性にしたのち，硫化水素を通じる。

71 陽イオンの系統分離

Al³⁺，Ba²⁺，Fe³⁺，Zn²⁺ を含む水溶液から，次の図の実験により各イオンをそれぞれ分離することができた。この実験に関する記述として**誤りを含むもの**を，下の①〜⑥のうちから一つ選べ。

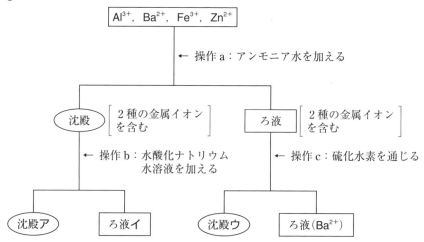

① 操作aでは，アンモニア水を過剰に加える必要があった。
② 操作bでは，水酸化ナトリウム水溶液を過剰に加える必要があった。
③ 操作cでは，硫化水素を通じる前にろ液を酸性にする必要があった。
④ 沈殿アを塩酸に溶かして K₄[Fe(CN)₆] 水溶液を加えると，濃青色沈殿が生じる。
⑤ ろ液イに塩酸を少しずつ加えていくと生じる沈殿は，両性水酸化物である。
⑥ 沈殿ウは，白色である。

72 気体の発生実験

次の図の装置を用いて，塩化アンモニウムと水酸化カルシウムの混合物を試験管中で加熱し，発生する気体を上方置換により捕集する。この実験に関連する記述として下線部に**誤りを含むもの**を，下の①～⑥のうちから**二つ**選べ。

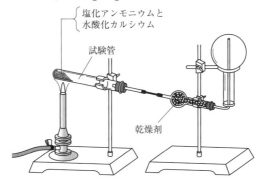

① 上方置換で捕集できるのは，発生する気体が空気より軽いためである。
② 発生する気体に濃塩酸を近づけると，白煙が生じる。
③ 試験管の口を少し下げておくのは，生成する水と加熱部が接触するのを避けるためである。
④ 試験管中に生成する固体の化合物は，水によく溶ける。
⑤ 水酸化カルシウムの代わりに硫酸カルシウムを用いると，アンモニアがより激しく発生した。
⑥ 乾燥剤としては，塩化カルシウムを用いることができる。

73 塩素の発生実験

次の図は，実験室における塩素の製法を示している。下の問い(a・b)に答えよ。

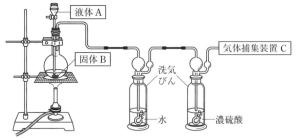

a 図の液体Aと固体Bの組合せとして最も適当なものを，次の①～④のうちから一つ選べ。

	液体A	固体B
①	濃塩酸	酸化マンガン(Ⅳ)
②	水酸化ナトリウム水溶液	塩化アンモニウム
③	濃硫酸	塩化ナトリウム
④	希塩酸	亜　鉛

b 図の気体捕集装置Cの捕集方式に関する記述として最も適当なものを，次の①～⑤のうちから一つ選べ。
① 上方置換が最もよい。　② 下方置換が最もよい。
③ 水上置換が最もよい。　④ 上方置換・水上置換のいずれでもよい。
⑤ 下方置換・水上置換のいずれでもよい。

74 気体発生反応

右の表に示す2種類の薬品の反応によって発生する気体ア～オのうち，水上置換で**捕集できないも**のの組合せを，次の①～⑤のうちから一つ選べ。

2種類の薬品	発生する気体
Al，水酸化ナトリウム水溶液	ア
CaF_2，濃硫酸	イ
FeS，希硫酸	ウ
$KClO_3$，MnO_2	エ
Zn，希塩酸	オ

① アとイ　② イとウ　③ ウとエ　④ エとオ　⑤ アとオ

75 気体の性質

気体に関する記述として下線部に**誤りを含むもの**を，次の①～⑤のうちから一つ選べ。
① 塩素を水に溶かした溶液は，<u>中性を示す</u>。
② 硫化水素は，有毒な<u>無色・腐卵臭の気体である</u>。
③ 一酸化炭素は，有毒な<u>無色・無臭の気体である</u>。
④ 二酸化炭素を水に溶かした溶液は，<u>弱酸性を示す</u>。
⑤ メタンは，空気より軽い<u>無色・無臭の気体である</u>。

76 試薬の保存法と扱い方

化学物質の保存と取扱いに関する次の記述a～fのうち，**誤りを含むもの**はいくつあるか。正しい数を，下の①～⑥のうちから一つ選べ。
a ナトリウムは空気中の酸素や水と反応するため，エタノール中に保存する。
b 黄リンは空気中で自然発火するため，水中に保存する。
c 濃硝酸は光で分解するため，褐色のびんに保存する。
d 濃硫酸を薄めて希硫酸をつくるときは，発熱するので濃硫酸をかくはんしながら水を少しずつ加える。
e 水酸化ナトリウム水溶液を誤って皮膚に付着させたときは，ただちに塩酸で中和する。
f アセトンは引火しやすいので，火気のないところで扱う。
① 1 ② 2 ③ 3 ④ 4 ⑤ 5 ⑥ 6

77 無機化学工業

無機化合物の工業的製法の記述の中で，下線部に酸化還元反応を**含まないもの**を，次の①～⑤のうちから一つ選べ。
① 硫酸の製造には，酸化バナジウム(V) V_2O_5 を触媒として<u>二酸化硫黄から三酸化硫黄をつくる</u>工程がある。
② アンモニアの製造には，鉄を主成分とする触媒を用いて<u>水素と窒素からアンモニアをつくる</u>工程がある。
③ 硝酸の製造には，白金を触媒として<u>アンモニアから一酸化窒素をつくる</u>工程がある。
④ 鉄の製造には，<u>鉄鉱石にコークスと石灰石を加え，高温の酸素と反応させる</u>工程がある。
⑤ 炭酸ナトリウムの製造には，<u>塩化ナトリウム飽和水溶液，アンモニアおよび二酸化炭素から炭酸水素ナトリウムをつくる</u>工程がある。

78 鉱石の成分

天然に産出する鉱石と，その主成分を構成する元素の一つとの組合せとして**誤って**いるものを，次の①〜⑤のうちから一つ選べ。

	天然に産出する鉱石	主成分を構成する元素の一つ
①	セッコウ	Ca
②	黄銅鉱	Cu
③	大理石	Fe
④	水　晶	Si
⑤	ダイヤモンド	C

79 金属単体や合金の性質と利用

金属単体や合金に関する記述として下線部に**誤りを含む**ものを，次の①〜⑦のうちから二つ選べ。

① カリウムは，密度が小さく，かたい金属である。
② 銀と銅は，塩酸とは反応しないが，酸化力のある酸とは反応する。
③ マグネシウムは，沸騰水と反応し，水素を発生する。
④ ステンレス鋼は鉄の合金であり，さびにくいため台所の流し台などに用いられている。
⑤ 航空機の機体に利用されている軽くて強度が大きいジュラルミンは，アルミニウムを含む合金である。
⑥ リチウムを用いた二次電池は，携帯用電子機器に用いられる。
⑦ 亜鉛は，鉄よりイオン化傾向が小さいので，トタンに用いられる。

80 酸化物の利用

身近な無機物質に関する記述として下線部に**誤りを含むもの**を，次の①〜⑦のうちから一つ選べ。
① 酸化カルシウムは，水と反応して発熱するため，携帯用の発熱剤に用いられる。
② 酸化チタン（Ⅳ）は，建物の外壁や窓ガラスの表面に塗布されていると，光触媒としてはたらき，有機物の汚れが分解される。
③ 高純度の二酸化ケイ素からなるガラスは，繊維状にして光ファイバーに利用されている。
④ 宝石のルビーやサファイアは，微量の不純物を含んだ酸化マグネシウムが主成分の結晶である。
⑤ 酸化亜鉛の粉末は白色であり，絵の具や塗料に用いられる。
⑥ 酸化アルミニウムなどの高純度の原料を，精密に制御した条件で焼き固めたものは，ファインセラミックス（ニューセラミックス）とよばれる。
⑦ 酸化マグネシウムは融点が高いことを利用して，耐火れんがの原料として使われている。

81 身近な物質の利用

身近な物質に関する記述として下線部に**誤りを含むもの**を，次の①〜⑦のうちから二つ選べ。
① 粘土は，陶磁器やセメントの原料の一つとして利用されている。
② ソーダ石灰ガラスは，原子の配列に規則性がないアモルファスであり，窓ガラスなどに利用されている。
③ 焼きセッコウは加熱すると固まることを利用して，建築材料や塑像などに使われている。
④ ハロゲン化銀は感光性をもつことを利用して，写真のフィルムに使われている。
⑤ さらし粉は還元作用をもつことを利用して，漂白剤や殺菌剤に使われている。
⑥ 硫酸バリウムは，水に溶けにくく，胃や腸のX線撮影の造影剤として利用されている。
⑦ ポリエチレンは熱可塑性をもつことを利用して，包装材料や容器などに加工して使われている。

実戦問題

82 第3周期元素の化合物

次の文章を読んで，下の問い(**問1～3**)に答えよ。

酸素は反応性に富み，ほとんどの元素と化合して酸化物をつくる。次の表に第3周期元素の酸化物と，その関連化合物をまとめた。

族	1	2	13	14	15	16	17	18
元素	Na	Mg	Al	Si	P	S	Cl	Ar
電気陰性度	0.9	1.3	1.6	1.9	2.2	2.6	3.2	
	陽 性 ←					→ 陰 性		
酸化物の例	Na_2O	MgO	Al_2O_3	SiO_2	P_4O_{10}	SO_3	Cl_2O_7	
水酸化物	$NaOH$	$Mg(OH)_2$	$Al(OH)_3$					
オキソ酸の例				H_2SiO_3	H_3PO_4	H_2SO_4	$HClO_4$	

問1 表中の化合物について説明した次の文章の空欄 **ア** ～ **エ** に当てはまる語句の組合せとして，最も適当なものを，下の①～⑥のうちから一つ選べ。

Na_2O と MgO はイオンからなる化合物であり，水と反応すると **ア** を生じるので， **イ** とよばれる。一方，P_4O_{10}，SO_3，Cl_2O_7 は，水と反応すると **ウ** を生じるので， **エ** とよばれる。 **ウ** は，H，O および第三の元素 X からなり，H_mXO_n の分子式で表される。Al_2O_3 は水には溶けないが，酸とも強塩基とも反応するので，両性酸化物とよばれる。

	ア	イ	ウ	エ
①	水素化物	酸性酸化物	水酸化物	塩基性酸化物
②	水酸化物	酸性酸化物	水酸化物	塩基性酸化物
③	水素化物	塩基性酸化物	水酸化物	酸性酸化物
④	水酸化物	塩基性酸化物	水酸化物	酸性酸化物
⑤	水素化物	塩基性酸化物	オキソ酸	酸性酸化物
⑥	水酸化物	塩基性酸化物	オキソ酸	酸性酸化物

問2 次の文章は，NaOH と Mg(OH)$_2$ ではどちらが強い塩基かを，理由とともに記したものである。空欄 オ ～ ク に当てはまる化学式および語句の組合せとして最も適当なものを，下の①～⑥のうちから一つ選べ。

オ よりも カ の電気陰性度のほうが小さいため，水中で キ になろうとして OH$^-$ を放出しやすい。このため， ク の塩基性のほうが強い。

	オ	カ	キ	ク
①	Na	Mg	単体	NaOH
②	Na	Mg	単体	Mg(OH)$_2$
③	Na	Mg	陽イオン	Mg(OH)$_2$
④	Mg	Na	単体	NaOH
⑤	Mg	Na	陽イオン	NaOH
⑥	Mg	Na	陽イオン	Mg(OH)$_2$

問3 前ページの表中のオキソ酸どうしを比較すると，原子番号の増加にともなって，酸の強さも強くなる。このことについて記した次の文章の空欄 ケ ～ シ に当てはまる語句の組合せとして，最も適当なものを，下の①～⑥のうちから一つ選べ。

原子番号が増加すると，中心原子 X の電気陰性度と酸化数が増す。このため，X は ケ 電荷を得ようとして， コ 原子との間の サ を引き寄せる。このため， コ 原子は シ 原子との間の サ を引き寄せる。この結果，水素原子は水素イオンとして放出されやすくなる。

	ケ	コ	サ	シ
①	正	水素	共有電子対	酸素
②	正	水素	非共有電子対	酸素
③	正	酸素	非共有電子対	水素
④	負	水素	共有電子対	酸素
⑤	負	酸素	共有電子対	水素
⑥	負	酸素	非共有電子対	水素

(大分大・改)

83 ハロゲン化銀の性質と銀塩写真

次の文章を読んで，下の問い（問1〜4）に答えよ。

1871年にマドックスは，(a)ゼラチンに感光剤を混ぜて，支持体のガラス板上に感光材を塗布後，乾燥させて用いる方法（乾板写真）を発明した。1889年には，セルロイドを利用したロールフィルムがイーストマンにより開発され，さらに写真撮影が世に広まった。

白黒写真の原理は次のとおりである。まず，(b)フィルムに光が当たるとその部分の臭化銀 AgBr から銀 Ag が遊離する。これを現像処理した後，(c)チオ硫酸ナトリウム $Na_2S_2O_3$ の水溶液で処理すると，非感光の臭化銀は溶解し，その部分は透明となる。このようにして黒白が逆転した像（ネガ）が得られる。さらにこのネガを通した光を印画紙に露光させた後，フィルムと同様の原理で処理すれば，黒白が再逆転した元通りの画像を印画紙上に再現できる。デジタルカメラが普及するまでは，写真はこのように記録されていた。

問1 下線部(a)のような流動性のないコロイドを一般に何というか。次の①〜⑥のうちから一つ選べ。
① 疎水コロイド　② 親水コロイド　③ 保護コロイド
④ エマルション　⑤ ゾル　⑥ ゲル

問2 下線部(b)の反応の種類として最も適当なものを，次の①〜⑥のうちから一つ選べ。
① 中和反応　② 酸化還元反応　③ 弱酸遊離反応
④ 弱塩基遊離反応　⑤ 縮合反応　⑥ 加水分解反応

問3 下線部(c)の反応によって生じる銀化合物の化学式として最も適当なものを，次の①〜⑥のうちから一つ選べ。
① $Na[Ag(S_2O_3)_2]$　② $Na_2[Ag(S_2O_3)_2]$　③ $Na_3[Ag(S_2O_3)_2]$
④ $[Ag(S_2O_3)_2]Br$　⑤ $[Ag(S_2O_3)_2]Br_2$　⑥ $[Ag(S_2O_3)_2]Br_3$

問4 一般に銀化合物は，上記のような感光性をもつため，光を遮断する褐色ビン中に保存する必要がある。同様に褐色ビン中で遮光保存しなければならない物質を，次の①〜⑥のうちから一つ選べ。
① 水酸化ナトリウム　② 濃硫酸　③ 濃塩酸
④ 濃硝酸　⑤ ミョウバン　⑥ 硫酸銅（Ⅱ）五水和物

（関西医科大・改）

84 さびのしくみ

次の文章を読んで、下の問い(問1～4)に答えよ。

さびに関係する次の二つの実験を行った。

〔実験1〕 3%食塩水に少量のフェノールフタレインと少量のヘキサシアニド鉄(Ⅲ)酸カリウムを溶かした溶液Xを、よく磨いた鉄板のきれいな表面に静かに滴下し、できた液滴の変化の様子を、時間を追って観察した。滴下するとすぐに(a)液滴の中心部の鉄表面が濃青色に変化し始めた。しばらくすると、(b)液滴の周辺部から赤色に変色し始めた(下図)。これをさらに放置すると、(c)濃青色と赤色の境付近から赤褐色に変化し始めた。

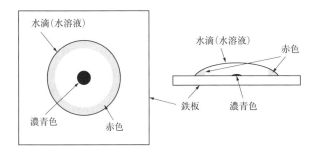

〔実験2〕 よく磨いた別の鉄板のきれいな表面に、表面がきれいな亜鉛の小片を鉄に接触させて乗せ、その上に溶液Xを滴下して、(d)亜鉛片と、まわりの鉄板の両方に接触するように液滴をつくり、その溶液の変化の様子を観察した。

問1 ヘキサシアニド鉄(Ⅲ)酸イオンの立体的な構造として最も適当なものを、次の①～⑥のうちから一つ選べ。
① 直線形　② 正三角形　③ 正四面体形
④ 正方形　⑤ 三角錐形　⑥ 正八面体形

問2 次のア・イで説明される反応のイオン反応式として最も適当なものを、下の①～⑥のうちからそれぞれ一つずつ選べ。
ア　下線部(a)について、鉄表面が青色に変化する原因となる物質またはイオンを生成する反応
イ　下線部(b)について、溶液が赤色に変化する原因となる物質またはイオンを生成する反応

① $2H^+ + 2e^- \longrightarrow H_2$　　　② $2H_2O + 2e^- \longrightarrow H_2 + 2OH^-$
③ $O_2 + 4H^+ + 4e^- \longrightarrow 2H_2O$　　　④ $O_2 + 2H_2O + 4e^- \longrightarrow 4OH^-$
⑤ $Fe \longrightarrow Fe^{2+} + 2e^-$　　　⑥ $Fe \longrightarrow Fe^{3+} + 3e^-$

70 第3章 無機物質の性質

問3 下線部(c)で，赤褐色の物質が生成したのはなぜか。その理由として最も適当なものを，次の①〜⑥のうちから一つ選べ。

① 鉄板から生成したイオンが，水と反応したから。
② 鉄板から生成したイオンが，フェノールフタレインと反応したから。
③ 鉄板から生成したイオンが，酸素から生成したイオンと反応したから。
④ 鉄板から生成したイオンが，酸素から生成したイオンおよび水と反応したから。
⑤ 鉄板から生成したイオンが，酸素から生成したイオンおよび酸素と反応したから。
⑥ 鉄板から生成したイオンが，フェノールフタレインと反応し，さらに酸素と反応したから。

問4 下線部(d)で観察される現象として最も適当なものを，次の①〜⑧のうちから一つ選べ。

① 実験1の赤色，濃青色および赤褐色部分はいずれも現れなかった。
② 実験1の赤色部分は現れたが，濃青色および赤褐色部分は現れなかった。
③ 実験1の濃青色部分は現れたが，赤色および赤褐色部分は現れなかった。
④ 実験1の赤褐色部分は現れたが，赤色および濃青色部分は現れなかった。
⑤ 実験1の赤色および濃青色部分は現れたが，赤褐色部分は現れなかった。
⑥ 実験1の赤色および赤褐色部分は現れたが，濃青色部分は現れなかった。
⑦ 実験1の濃青色および赤褐色部分は現れたが，赤色部分は現れなかった。
⑧ 実験1と同じ結果になった。

（横浜市立大・改）

85 塩の水溶性

イオン結晶の水への溶解性に関する次の文章を読んで、下の問い（問1～4）に答えよ。

イオン結晶を、気体状の構成イオンにまで引き離すときに必要なエネルギーを格子エネルギーという。イオン結晶が水に溶けるときには、電離した陽イオンや陰イオンが水分子と結びつき、水和イオンとなって水中に分散する。気体状のイオンが、水和イオンになるとき放出するエネルギーを水和エネルギーという。格子エネルギーが水和エネルギーよりも大きな場合、そのイオン結晶は水中で水和イオンを生じにくく、水に難溶となる。

右の図は各元素のイオンの価数とその半径を示した図で、そのイオンがつくるイオン結晶の水溶性を三つの領域A、B、Cに区分している。

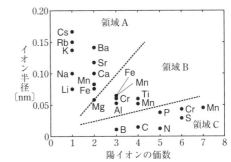

図の左上端に存在するイオンがつくるイオン結晶では、(a)格子エネルギーは比較的小さいが、(b)水和エネルギーは比較的大きい。このため、これらのイオン結晶は水に溶けやすい。

同じ領域Aでも、アルカリ土類金属元素の場合、(c)　ア　や　イ　は水に可溶だが、　ウ　や　エ　は難溶または不溶となる。これは、イオン間の引力と、その価数との関係から理解できる。

マグネシウムのように領域Aと領域Bとの境界付近のイオンは、アルカリ性の水中では水酸化物として沈殿するようになる。これは、そのイオンと水酸化物イオンとの引力が増すからである。(d)図の領域Bのイオンは、強酸性の水溶液には溶けるが、中性付近の水溶液では水酸化物や酸化物の沈殿となる。さらに図の領域Cに存在するイオンは、もはや単独の水和イオンとしては存在できず、酸素と結合して水に可溶な陰イオンを形成する。

問1 下線部(a)の理由として述べた次の文章の空欄　オ　～　ク　に当てはまる語句の組合せとして、最も適当なものを、右の①～⑥のうちから一つ選べ。

イオン半径が　オ　いためイオン間の距離が　カ　くなり、また、イオンの価数が　キ　いため、イオン間にはたらくクーロン力が　ク　くなるから。

	オ	カ	キ	ク
①	小さ	小さ	小さ	小さ
②	小さ	小さ	大き	大き
③	小さ	小さ	大き	小さ
④	大き	大き	小さ	小さ
⑤	大き	大き	大き	大き
⑥	大き	大き	大き	小さ

72 第3章 無機物質の性質

問2 下線部(b)の理由として最も適当なものを，次の①～⑥のうちから一つ選べ。

① イオン半径が小さいため，水和する水分子との結合が強くなるから。
② イオン半径が大きいため，水和する水分子との結合が弱くなるから。
③ イオンの電荷が小さいため，水和する水分子との結合が弱くなるから。
④ イオンの電荷が大きいため，水和する水分子との結合が強くなるから。
⑤ イオン球体の表面積が小さいため，水和する水分子の数が少なくなるから。
⑥ イオン球体の表面積が大きいため，水和する水分子の数が多くなるから。

問3 下線部(c)の ア ～ エ に入る語句の組合せとして最も適当なものを，次の①～⑥のうちから一つ選べ。

	ア	イ	ウ	エ
①	硫酸塩	塩化物	炭酸塩	硝酸塩
②	硫酸塩	炭酸塩	塩化物	硝酸塩
③	炭酸塩	塩化物	硫酸塩	硝酸塩
④	炭酸塩	硝酸塩	硫酸塩	塩化物
⑤	塩化物	硝酸塩	硫酸塩	炭酸塩
⑥	硝酸塩	硫酸塩	炭酸塩	塩化物

問4 下線部(d)について，2価，3価，4価のマンガンイオンの，中性付近での水への溶解性を考える。図を参考にして述べた文章として最も適当なものを，次の①～⑥のうちから一つ選べ。

① 2価，3価，4価のマンガンイオンは，いずれも水和イオンとなって水に溶ける。
② 2価のマンガンイオンは水和イオンとなって水に溶けるが，3価，4価のマンガンイオンは水酸化物や酸化物となって沈殿する。
③ 4価のマンガンイオンは水和イオンとなって水に溶けるが，2価，3価のマンガンイオンは水酸化物や酸化物となって沈殿する。
④ 2価，3価のマンガンイオンは水和イオンとなって水に溶けるが，4価のマンガンイオンは水酸化物や酸化物となって沈殿する。
⑤ 3価，4価のマンガンイオンは水和イオンとなって水に溶けるが，2価のマンガンイオンは水酸化物や酸化物となって沈殿する。
⑥ 2価，3価，4価のマンガンイオンは，水酸化物や酸化物となって沈殿する。

(札幌医科大・改)

86 熱分解反応の測定実験

次の文章を読んで，下の問い（**問1・問2**）に答えよ。

24°Cで，塩化マグネシウム水溶液に，二酸化炭素を吹き込みながら水酸化ナトリウム水溶液を加えると，炭酸マグネシウム三水和物 $MgCO_3·3H_2O$ が沈殿した。この沈殿を乾燥して粉末を得た。この粉末69 gをとり，ゆっくり加熱しながら質量を測定したところ，右の図のような質量と温度の関係を示し，最終的に酸化マグネシウム MgO が得られた。なお，原子量は H=1.0，C=12.0，O=16.0，Mg=24.0，Cl=35.5 とする。

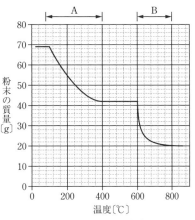

図 室温からの加熱による炭酸マグネシウム三水和物の粉末の質量と温度の関係

問1 下線部で起こる反応の反応式は次のとおりである。空欄 ア ～ ウ に当てはまる係数の組合せとして最も適当なものを，下の①～⑥のうちから一つ選べ。ただし，係数が不要な場合も，省略せずに1とすること。

$MgCl_2$ + ア $NaOH$ + イ H_2O + ウ CO_2
⟶ $MgCO_3·3H_2O$ + $2NaCl$

	ア	イ	ウ
①	1	2	1
②	1	2	2
③	1	3	1
④	1	3	2
⑤	2	2	1
⑥	2	3	2

問2 上の図のA，Bの温度域ではそれぞれ，1種類の気体が発生した。発生した気体の化学式を，下の①～⑥のうちからそれぞれ一つずつ選べ。

A： エ ，B： オ

① H_2 ② O_2 ③ H_2O ④ CO ⑤ CO_2 ⑥ Cl_2

（滋賀県立大・改）

第4章 有機化合物の性質

基本問題

87 アルカンの構造と性質
　アルカンに関する記述として**誤りを含むもの**を，次の①～⑥のうちから**二つ**選べ。
① エタン分子では，C–C 単結合を軸にして両側のメチル基が回転できる。
② エタンは，常温・常圧で気体である。
③ エタン分子の 1 個の炭素原子に結合している水素原子を塩素原子で置換した化合物には，不斉炭素原子をもつものが存在する。
④ アルカンは水に溶けにくい。
⑤ 直鎖状のアルカンの沸点は，分子量が大きいものほど高い。
⑥ 炭素数 4 のアルカンには，3 種類の構造異性体がある。

88 エチレン
　エチレン（エテン）に関する記述として**誤りを含むもの**を，次の①～⑥のうちから二つ選べ。
① エチレン分子の構成原子は，すべて同一平面上にある。
② エチレンに水が付加すると，アセトアルデヒドが生成する。
③ エチレンの水素原子の二つを塩素原子で置き換えると，3 種類の異性体が生じる。
④ 炭素原子間の距離は，エタン，エチレン，アセチレンの順に長くなる。
⑤ エチレン分子の異なる炭素原子に結合した水素原子を一つずつメチル基で置換した化合物には，シス-トランス異性体（幾何異性体）が存在する。
⑥ エチレンは重合して高分子化合物を生成する。

89 エチレンとアセチレンの反応　⏱①分 ▶ 解答 P.81

次の有機化合物の反応について，式中の ア ・ イ に当てはまる化合物の組合せとして正しいものを，下の①〜⑥のうちから一つ選べ。

$$H-C\equiv C-H \xrightarrow[\text{付加反応}]{H_2O} \left[\begin{matrix} H \\ C=C \\ H \end{matrix}\begin{matrix} H \\ OH \end{matrix}\right] \longrightarrow \boxed{\text{ア}}$$

（不安定）

HCl｜付加反応　　　　　　　　　　　　O₂｜酸化

$$\begin{matrix} H \\ C=C \\ H \end{matrix}\begin{matrix} H \\ Cl \end{matrix} \xleftarrow[\text{熱分解}]{-HCl} H-\underset{Cl}{\overset{H}{C}}-\underset{Cl}{\overset{H}{C}}-H \xleftarrow[\text{付加反応}]{Cl_2} \boxed{\text{イ}}$$

	ア	イ
①	CH_3CH_2-OH	CH_3-CH_3
②	CH_3-CHO	CH_3-CH_3
③	CH_3-COOH	CH_3-CH_3
④	CH_3CH_2-OH	$CH_2=CH_2$
⑤	CH_3-CHO	$CH_2=CH_2$
⑥	CH_3-COOH	$CH_2=CH_2$

90 C_4H_8 の構造異性体　⏱③分 ▶ 解答 P.82

次の文中の空欄（ ア ・ イ ）に当てはまる数の組合せとして最も適当なものを，下の①〜⑥のうちから一つ選べ。

分子式 C_4H_8 で表される炭化水素の構造異性体には，鎖状のものが ア 種類存在し，環状のものが イ 種類存在する。

	ア	イ
①	2	1
②	3	1
③	4	1
④	2	2
⑤	3	2
⑥	4	2

91 炭化水素の構造式

次の記述（a・b）が両方ともに当てはまる化合物の構造式として最も適当なものを，下の①〜⑤のうちから一つ選べ。

　a　水素1分子が付加した生成物には，幾何異性体（シス-トランス異性体）が存在する。
　b　水素2分子が付加した生成物には，不斉炭素原子が存在する。

① CH₃-CH₂-CH(CH₃)-C≡C-H

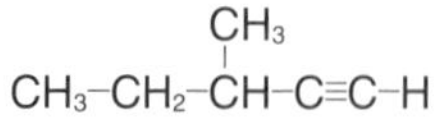

② CH₃-CH(CH₃)-C≡C-CH₃

③ CH₃-CH₂-CH₂-CH(CH₃)-C≡C-H

④ CH₃-CH(CH₃)-C≡C-CH(CH₃)-CH₃

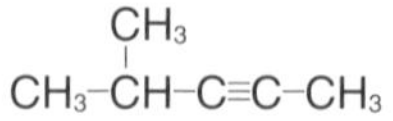

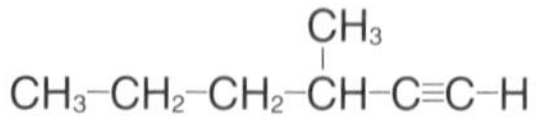

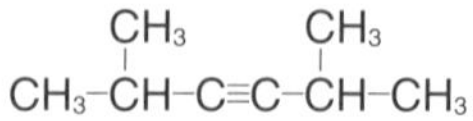

⑤ CH₃-CH₂-CH(CH₃)-C≡C-CH(CH₃)-CH₃

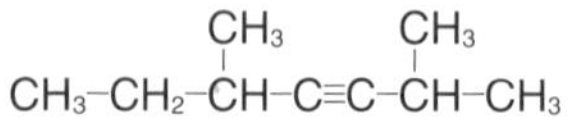

92 官能基

次の6種類の有機化合物の破線で囲まれた結合や官能基a〜fの名称として最も適当なものを，下の①〜⑧のうちからそれぞれ一つずつ選べ。

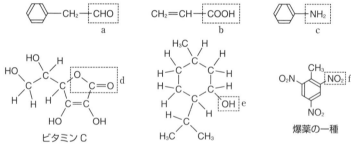

ビタミンC　　ハッカの香味成分　　爆薬の一種

① アミノ基　　② アルデヒド基（ホルミル基）　　③ エステル結合
④ エーテル結合　　⑤ カルボキシ基　　⑥ スルホ基
⑦ ニトロ基　　⑧ ヒドロキシ基

93 官能基と異性体　　　　　　　　　　　　③分 ▶▶ 解答 P.86

有機化合物の構造異性体に関する記述として下線部に**誤りを含むもの**を，次の①～⑥のうちから**二つ**選べ。

① ジメチルエーテルとエタノールは，互いに構造異性体である。

② アセトンとアセトアルデヒドは，互いに構造異性体である。

③ 酢酸とギ酸メチル (エステルの一種) は，互いに構造異性体である。

④ 鎖式で飽和の1価アルコールは $C_nH_{2n+1}O$ で表される。

⑤ 鎖式で飽和のケトンは $C_nH_{2n}O$ で表される。

⑥ 鎖式で飽和の1価カルボン酸 (モノカルボン酸) は $C_nH_{2n}O_2$ で表される。

94 アルコール　　　　　　　　　　　　　②分 ▶▶ 解答 P.87

ヒドロキシ基をもつ有機化合物に関する記述のうち下線部に**誤りを含むもの**を，次の①～⑥のうちから**二つ**選べ。

① 直鎖の第一級アルコールの水に対する溶解度は，炭素原子の数が多くなると，小さくなる。

② アルコールの沸点は，同じくらいの分子量をもつ炭化水素の沸点より高い。

③ アルコールが単体のナトリウムと反応すると，水素が発生する。

④ メタノールは，触媒を用いて一酸化炭素と水から合成できる。

⑤ エタノールは，触媒を用いてエチレン (エテン) と水から合成できる。

⑥ 1-プロパノールに二クロム酸カリウムの硫酸酸性水溶液を加えて加熱すると，アセトンが生成する。

95 カルボニル化合物・カルボン酸　　　　②分 ▶▶ 解答 P.88

カルボニル化合物とカルボン酸に関する記述として**誤りを含むもの**を，次の①～⑥のうちから**一つ**選べ。

① アセトアルデヒドに，ヨウ素と水酸化ナトリウム水溶液を加えて加熱すると，黄色沈殿を生じる。

② ギ酸にアンモニア性硝酸銀水溶液を加えると，銀が析出する。

③ ギ酸に炭酸水素ナトリウム水溶液を加えると，二酸化炭素が発生する。

④ 酢酸分子2個から水分子1個が取れて，無水酢酸ができる。

⑤ 酢酸はアセトアルデヒドの加水分解によって得られる。

⑥ アセトアルデヒドとアセトンは，いずれも水と任意の割合で混じり合う。

第4章　有機化合物の性質

78　第4章　有機化合物の性質

96　分子式の決定
(3)分 ▶▶ 解答 P.89

分子式が $C_{10}H_nO$ で表される不飽和結合をもつ直鎖状のアルコールAを一定質量取り，十分な量のナトリウムと反応させたところ，$0.125\ mol$ の水素が発生した。また，同じ質量のAに，触媒を用いて水素を完全に付加させたところ，$0.500\ mol$ の水素が消費された。このとき，Aの分子式中の n の値として最も適当な数値を，次の①〜⑤のうちから一つ選べ。

① 14　　② 16　　③ 18　　④ 20　　⑤ 22

97　有機化合物の構造式の決定
(3)分 ▶▶ 解答 P.90

ある1価の第一級アルコールを濃硫酸とともに加熱し，脱水縮合した化合物Aを得た。この化合物Aを一定量取り，完全燃焼させたところ，$132\ mg$ の二酸化炭素と $63\ mg$ の水が生成した。化合物Aとして最も適当なものを，次の①〜⑥のうちから一つ選べ。なお，原子量は $H=1.0$，$C=12$，$O=16$ とする。

① $CH_3CH_2CH_2OCH_2CH_2CH_3$　　② $CH_3CH_2OCH_2CH_3$

③ $CH_2=CHCH_3$　　④ $CH_3CH_2CH_2COOCH_2CH_3$

⑤ $(CH_3)_2CHOCH(CH_3)_2$　　⑥ $CH_3CH_2CH_2CH_2CH_2OH$

98　アルコールの構造異性体
(3)分 ▶▶ 解答 P.91

分子式が $C_5H_{10}O_2$ のエステルAを加水分解すると，還元作用を示すカルボン酸BとともにアルコールCが得られた。Cの構造異性体であるアルコールは，C自身を含めていくつ存在するか。正しい数を，次の①〜⑥のうちから一つ選べ。

① 1　　② 2　　③ 3　　④ 4　　⑤ 5　　⑥ 6

99 アルコールの脱水

分子式 $C_5H_{12}O$ で表される3種類のアルコール（ア〜ウ）を，それぞれ高温において酸で処理したところ，脱水が起こりアルケンが得られた。それぞれの実験結果（a〜c）とアルコール（ア〜ウ）との組合せとして最も適当なものを，下の①〜⑥のうちから一つ選べ。

ア　$CH_3CH_2CH_2CH_2CH_2OH$

イ　$CH_3CH_2CH_2CHOH$
　　　　　　　　　　CH_3

ウ　CH_3CH_2COH
　　　　　　　CH_3
　　　　CH_3

a　1種類のアルケンが得られた。
b　2種類のアルケンが得られた。
c　3種類のアルケンが得られた。

	a	b	c
①	ア	イ	ウ
②	ア	ウ	イ
③	イ	ア	ウ
④	イ	ウ	ア
⑤	ウ	ア	イ
⑥	ウ	イ	ア

100 エステルの構造決定

分子式 $C_5H_{10}O_2$ で表されるエステルを加水分解して得られた化合物について，次の実験結果（a・b）を得た。もとのエステルの構造式として最も適当なものを，下の①〜⑤のうちから一つ選べ。

a　得られたアルコールは，ヨードホルム反応を示した。
b　得られたカルボン酸は，アンモニア性硝酸銀溶液を還元した。

①　$CH_3CH_2-\underset{\underset{O}{\|}}{C}-O-CH_2CH_3$

②　$CH_3-\underset{\underset{O}{\|}}{C}-O-CH_2CH_2CH_3$

③　$CH_3-\underset{\underset{O}{\|}}{C}-O-\underset{\underset{CH_3}{|}}{C}HCH_3$

④　$H-\underset{\underset{O}{\|}}{C}-O-\underset{\underset{CH_3}{|}}{C}HCH_2CH_3$

⑤　$H-\underset{\underset{O}{\|}}{C}-O-CH_2\underset{\underset{CH_3}{|}}{C}HCH_3$

101 油脂とセッケン

油脂およびセッケンに関する記述として**誤りを含むもの**を，次の①〜⑥のうちから二つ選べ。

① 構成脂肪酸として不飽和脂肪酸を多く含む常温で液体の油脂は，触媒を用いて水素を付加させると，融点が高くなって常温で固体になる。
② 構成脂肪酸として不飽和脂肪酸を多く含む常温で液体の油脂は，空気中でゆっくりと表面から固まっていく。
③ 油脂1gをけん化するのに必要な水酸化カリウムの質量が多いほど，その油脂の分子量は大きい。
④ セッケンは，疎水性部分と親水性部分をもつ分子からなる。
⑤ セッケンを水に溶かすと，その水溶液は弱酸性を示す。
⑥ セッケン水に食用油を加えてよく振り混ぜると，乳化する。

102 界面活性剤

界面活性剤に関する次の**実験1・2**について，下の問い（**a・b**）に答えよ。

実験1 ビーカーにヤシ油（油脂）をとり，水酸化ナトリウム水溶液とエタノールを加えた後，均一な溶液になるまで温水中で加熱した。この溶液を飽和食塩水に注ぎよく混ぜると，固体が生じた。この固体をろ過により分離し，乾燥した。

実験2 実験1で得られた固体の0.5％水溶液5 mLを，試験管アに入れた。これとは別に，硫酸ドデシルナトリウム（ドデシル硫酸ナトリウム）の0.5％水溶液を5 mLつくり，試験管イに入れた。試験管ア・イのそれぞれに1 mol/Lの塩化カルシウム水溶液を1 mLずつ加え，試験管内の様子を観察した。

a 実験1で飽和食塩水に溶液を注いだときに固体が生じたのは，どのような反応あるいは現象か。最も適当なものを，次の①〜⑥のうちから一つ選べ。
① 中和　② 水和　③ けん化　④ 乳化　⑤ 浸透　⑥ 塩析

b 実験2で観察された試験管ア・イ内の様子の組合せとして最も適当なものを，次の①〜⑥のうちから一つ選べ。

	試験管ア内の様子	試験管イ内の様子
①	均一な溶液であった	油状物質が浮いた
②	均一な溶液であった	白濁した
③	油状物質が浮いた	均一な溶液であった
④	油状物質が浮いた	白濁した
⑤	白濁した	均一な溶液であった
⑥	白濁した	油状物質が浮いた

103 ベンゼンの性質
ベンゼンに関する記述として**誤りを含むもの**を，次の①〜⑥のうちから**二つ**選べ。
① 常温で水に溶けにくい液体であり，特有のにおいをもつ。
② 分子中のすべての原子は，同一平面上にある。
③ 隣り合う炭素原子間の距離は，すべて等しい。
④ 分子中の水素原子2個をメチル基で置換した化合物には，メチル基が結合する位置によって4種類の異性体が存在する。
⑤ 臭素水を加えると，臭素水の色がすぐに消える。
⑥ 濃硫酸と濃硝酸の混合物を作用させると，淡黄色の液体物質が生成する。

104 芳香族化合物の異性体
有機化合物の異性体に関する次の問い(**a**・**b**)に答えよ。
a 分子式 C_7H_7Cl で表される化合物のうち，ベンゼン環をもつものはいくつ存在するか。正しい数を，次の①〜⑥のうちから一つ選べ。
① 1 ② 2 ③ 3 ④ 4 ⑤ 5 ⑥ 6

b クロロベンゼンの水素原子2個をメチル基2個で置き換えると，何種類の化合物ができるか。正しい数を，次の①〜⑤のうちから一つ選べ。
① 3 ② 4 ③ 5 ④ 6 ⑤ 7

105 酸素を含む芳香族化合物
フェノールとサリチル酸の**どちらか一方のみ**に当てはまる記述を，次の①〜⑥のうちから一つ選べ。
① 室温で固体である。
② 水酸化ナトリウム水溶液に溶ける。
③ 塩化鉄(Ⅲ)水溶液を加えると呈色する。
④ 炭酸水素ナトリウム水溶液に，気体を発生しながら溶ける。
⑤ ナトリウムと反応させると，気体が発生する。
⑥ 無水酢酸と反応させるとエステルが生成する。

106 クメン法とサリチル酸の合成

ベンゼンを原料として，次の化合物（A～E）をつくった。これらの化合物に関する下の問い（**a・b**）に答えよ。

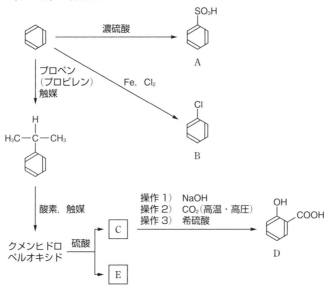

a 芳香族化合物（A～D）に関する次の記述（ア～ウ）について，正誤の組合せとして正しいものを，右の①～⑧のうちから一つ選べ。

ア 化合物Aと化合物Dとでは，Dのほうがより強い酸である。

イ 化合物Cは，化合物Aを水酸化ナトリウムで中和し，水酸化ナトリウムと融解した後，酸で処理しても得られる。

ウ 化合物Cは，化合物Bを水酸化ナトリウム水溶液と高温・高圧で反応させた後，酸で処理しても得られる。

	ア	イ	ウ
①	正	正	正
②	正	正	誤
③	正	誤	正
④	正	誤	誤
⑤	誤	正	正
⑥	誤	正	誤
⑦	誤	誤	正
⑧	誤	誤	誤

b 化合物Cとともに生成する化合物Eは何か。次の①～⑤のうちから一つ選べ。

① プロパン ② アセトン ③ 2-プロパノール
④ 酢酸メチル ⑤ アクリル酸

107 アニリンの合成

ニトロベンゼンを用いて，次の**操作1〜4**を順に行った。下の問い（**a**・**b**）に答えよ。

操作1 スズ2gとニトロベンゼン0.5mLを試験管Aにとり，濃塩酸3mLを加えた。

操作2 図1のように，試験管Aを約60℃の温水に入れ，ときどき取り出してよく振り混ぜた。

操作3 試験管A中の未反応のスズを残し，溶液を試験管Bに移した。これをときどき振り混ぜながら，図2のように6mol/L水酸化ナトリウム水溶液を少しずつ加えたところ，白色の沈殿が生じた。水酸化ナトリウム水溶液をさらに加えると沈殿が溶けた。それと同時に，生成物が油滴として遊離した。

操作4 試験管Bにジエチルエーテル6mLを加えてよく振り混ぜ，しばらく放置した。エーテル層をピペットで別の試験管にとり，エーテルを蒸発させると油状の物質が残った。

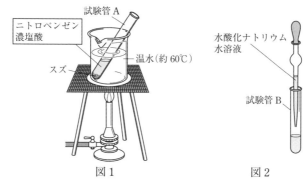

図1   図2

a この実験に関する記述として**誤りを含むもの**を，次の①〜⑤のうちから一つ選べ。
① **操作1**でニトロベンゼンは，油滴として濃塩酸から分離していた。
② **操作2**でスズは，酸化剤としてはたらいている。
③ **操作3**で未反応の固体を除いて得られた液体は，油滴が分離していない均一な水溶液である。
④ **操作4**でエーテル層は，水層の上部に分離した。
⑤ **操作4**でアニリンが得られたのは，ジエチルエーテルの揮発性が高いためである。

b **操作4**で得た油状の物質に関する記述として**誤りを含むもの**を，次の①〜⑤のうちから一つ選べ。
① この物質を空気中に放置しておくと，酸素によって酸化されて褐色に変化する。
② この物質にさらし粉の水溶液を加えると，赤紫色に呈色する。
③ この物質に酢酸を加えて加熱すると，縮合反応が起こる。
④ この物質に二クロム酸カリウム水溶液と硫酸を加えて加熱すると，白色物質ができる。
⑤ この物質の希塩酸溶液に0〜5℃で亜硝酸ナトリウム水溶液を加えると，塩化ベンゼンジアゾニウムができる。

108 アゾ染料の合成

アニリンとフェノールを用いて，次の**操作1～4**からなる実験を行った。下の問い（**a・b**）に答えよ。

操作1 アニリン1mLをビーカーに入れ，2mol/L塩酸20mLを加えてガラス棒で十分にかき混ぜ，均一な酸性溶液Aを得た。

操作2 Aの入ったビーカーを氷水に浸して十分に冷やした。ガラス棒でかき混ぜながら，Aにあらかじめ氷水で冷やしておいた10％亜硝酸ナトリウム水溶液10mLを少しずつ加え，溶液Bを得た。

操作3 フェノール1gを別のビーカーに入れ，2mol/L水酸化ナトリウム水溶液20mLを加えてガラス棒で十分にかき混ぜ，均一な塩基性溶液Cを得た。Cの入ったビーカーを氷水に浸して，5℃以下に冷やした。

操作4 白色の木綿の布をCに浸して十分に液をしみ込ませた。この布を取り出し，冷やしたままのBに浸したあと，水で十分に洗浄した。

a 操作1～4に関する記述として**誤りを含むもの**を，次の①～⑤のうちから一つ選べ。

① 操作1では，アニリン塩酸塩が生じた。
② 操作2では，ジアゾニウム塩が生じた。
③ 操作2により生じた有機化合物は，加熱すると酸素を発生してフェノールが生じた。
④ 操作3では，ナトリウムフェノキシドが生じた。
⑤ 操作4で布は橙赤色に着色した。

b 操作4で布を着色した化合物の構造式として最も適当なものを，次の①～⑥のうちから一つ選べ。

① 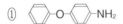 ②

③  ④

⑤ 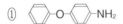 ⑥

109 芳香族化合物の分離　　　　　　　　　　　　②分 ▶ 解答 P.101

　それぞれ2種類の化合物を含む次の溶液（ア・イ）がある。各溶液を分液漏斗に入れ，それぞれに適当な水溶液を加えてよく振り混ぜた後，静置することにより，含まれる化合物の一方を水層に抽出して分離することができる。このとき，溶液（ア・イ）に加える水溶液の組合せとして最も適当なものを，下の①〜⑥のうちから一つ選べ。

ア　　◯—OH と ◯—CH₃ を含むジエチルエーテル溶液

イ　　◯—NH₂ と ◯—NO₂ を含むジエチルエーテル溶液

	アに加える水溶液	イに加える水溶液
①	炭酸水素ナトリウム水溶液	希塩酸
②	炭酸水素ナトリウム水溶液	水酸化ナトリウム水溶液
③	希塩酸	水酸化ナトリウム水溶液
④	希塩酸	炭酸水素ナトリウム水溶液
⑤	水酸化ナトリウム水溶液	炭酸水素ナトリウム水溶液
⑥	水酸化ナトリウム水溶液	希塩酸

第4章

有機化合物の性質

実戦問題

110 エチレンの合成実験

次の文章は，ある化学実験のテキスト，およびこのテキストにしたがって実験の授業を行った教員が記した実験記録の一部である。この文章を読んで，下の問い（**問1～3**）に答えよ。

実験題目：エチレンの合成と反応性

実験方法：枝付き丸底フラスコに，エタノール（5 mL）と沸騰石を入れる。さらに，濃硫酸（6 mL）をゆっくりと加える。その後，下の図に示す実験装置を組み，油浴で160℃に加熱する。生成した有機化合物を水で満たした試験管に水上置換で捕集する。次に，捕集した気体を臭素水に吹き込む。

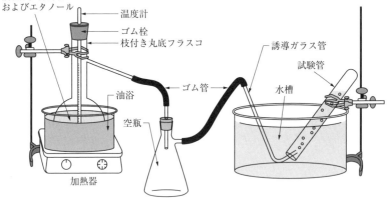

実験担当教員による実験記録

実験日：20XX年7月3日（金）くもり，気温　24℃

実験結果および注意点：ほとんどの生徒は4～5本の試験管を満たす気体を捕集することができた。その気体を臭素水に吹き込むと，(a)水溶液の色が瞬時に薄くなることを観察できた。しかし，ある生徒の実験では，ほとんど気体が捕集できなかった。そこで，(b)その生徒の実験装置をよく見ると，液体の温度が130℃にしか達していなかった。今後は，反応温度について，生徒に注意を促していきたい。

問1 この実験について述べた次の文章の空欄 [ア] 〜 [ウ] に当てはまる語句の組合せとして，最も適当なものを，下の①〜⑥のうちから一つ選べ。

この反応では，エタノールから [ア] が失われる反応が起こる。このような反応を [イ] 反応という。また，下線部(a)で起こる反応は，生成物に対する [ウ] 反応である。

	ア	イ	ウ
①	水素	脱離	付加
②	水素	付加	縮合
③	水素	縮合	付加
④	水	脱離	付加
⑤	水	付加	縮合
⑥	水	縮合	付加

問2 図中の空瓶を設置する目的として最も適当なものを，次の①〜⑤のうちから一つ選べ。

① 枝付き丸底フラスコ内の圧力が低下したとき，水槽の水がフラスコ内に流入するのを防ぐため。

② 枝付き丸底フラスコ内の液体の温度が上がり過ぎないようにするため。

③ 発生する有機化合物をいったんためて，そこから蒸発する気体を試験管に集められるようにするため。

④ 発生する有機化合物をさらに空気と反応させて，目的の生成物に変化させるため。

⑤ 発生する有機化合物を冷却してから水に通すことにより，水と反応しないようにするため。

問3 下線部(b)について，この生徒の実験ではフラスコ内でどのような反応が起こっていたと考えられるか。考えられる反応の化学反応式として最も適当なものを，次の①〜⑥のうちから一つ選べ。

① $C_2H_5OH \longrightarrow C_2H_4 + H_2O$

② $C_2H_5OH \longrightarrow CH_4 + HCHO$

③ $2C_2H_5OH \longrightarrow C_4H_{10} + H_2O_2$

④ $2C_2H_5OH \longrightarrow C_4H_9OH + H_2O$

⑤ $2C_2H_5OH \longrightarrow C_2H_5OC_2H_5 + H_2O$

⑥ $C_2H_5OH + CH_3COOH \longrightarrow CH_3COOC_2H_5 + H_2O$

（大阪府立大・改）

111 光学分割

次の文章を読んで，下の問い（**問1〜3**）に答えよ。

鏡像異性体（光学異性体）とは立体異性体の一種で，互いに ア 性のみが異なる物質である。

酵素は，α-アミノ酸の一方の鏡像異性体（L型）のみから構成される イ を本体としている。このため，基質の鏡像異性体の一方のみを取り込み反応させることができる。

一般に酵素リパーゼは油脂の加水分解を触媒するが，その種類は多く，中には油脂以外のエステル化合物に対して，その反応を触媒できるタイプのリパーゼも存在する。

あるリパーゼを触媒としてアルコールⅠに酢酸ビニルⅡを作用させると，リパーゼの ウ において，酢酸ビニルのアセチル基（CH₃CO–）は取り込まれたアルコールⅠへ移動する。すなわち，酢酸ビニルが加水分解されると同時に，アルコールⅠの鏡像異性体のうち，リパーゼに取り込まれた一方がアセチル化されエステルⅢとなる。他方の鏡像異性体のアルコールⅠは，リパーゼに取り込まれず未反応のまま残る。

$$\underset{\text{I}}{\underset{C_6H_5}{\overset{H_3C}{>}}CH-OH} + \underset{\text{II}}{\underset{\underset{COCH_3}{\overset{\|}{O}}}{CH_2=CH}} \rightleftarrows \underset{\text{III}}{\underset{C_6H_5}{\overset{H_3C}{>}}CH-O-COCH_3} + \underset{\text{IV}}{\underset{OH}{CH_2=CH}} \quad \cdots\cdots(1)$$

炭素-炭素二重結合の炭素原子にヒドロキシ基が結合している化合物Ⅴは，安定な構造異性体であるカルボニル化合物Ⅵに直ちに変化する。

$$\underset{\text{V}}{\underset{OH}{-CH=C-}} \rightleftarrows \underset{\text{VI}}{\underset{\overset{\|}{O}}{-CH_2-C-}} \quad \cdots\cdots(2)$$

一般に，(1)式の反応は可逆反応であり，反応途中で平衡状態に達するが，<u>この反応では，アルコールⅠの片方の鏡像異性体は完全にⅢに変換された</u>。このため，残ったアルコールⅠはすべて他方の鏡像異性体となり，各々を取り出してⅢを加水分解することによって，アルコールⅠの2種類の鏡像異性体を完全に分割して取り出すことができた。

問1 文章中の空欄 ア ～ ウ に当てはまる語句の組合せとして最も適当なものを，次の①～⑧のうちから一つ選べ。

	ア	イ	ウ
①	旋光	タンパク質	活性部位
②	旋光	タンパク質	ペプチド結合
③	旋光	多糖類	活性部位
④	旋光	多糖類	ペプチド結合
⑤	基質特異	タンパク質	活性部位
⑥	基質特異	タンパク質	ペプチド結合
⑦	基質特異	多糖類	活性部位
⑧	基質特異	多糖類	ペプチド結合

問2 文章中の下線部の理由として最も適当なものを，次の①～⑥のうちから一つ選べ。

① 生成した化合物Ⅲが，さらに安定な化合物に変化したから。
② 生成した化合物Ⅳが，さらに安定な化合物に変化したから。
③ 生成した化合物Ⅳが安定だから。
④ 未反応の化合物Ⅱが分解されるから。
⑤ アルコールⅠの鏡像異性体が他方の鏡像異性体に変化するから。
⑥ アルコールⅠの鏡像異性体の一方が，リパーゼに取り込まれないから。

問3 反応後に未反応で残ったアルコールⅠの構造式は次のとおりであった。取り出された化合物Ⅲの構造として最も適当なものを，下の①～④のうちから一つ選べ。なお，構造式の◀と……‖‖は，結合が紙面の前面側と後面側に向ってそれぞれが伸びていることを示す。

アルコールⅠ

①　②　③　④

（立命館大・改）

112 芳香族化合物の合成実験

サリチル酸の誘導体Aを合成する実験に関する次の文章を読んで，下の問い（問1〜3）に答えよ。

サリチル酸とメタノールからAを合成する反応は，次のように表される。

右の図に示すように，乾いた太い試験管にサリチル酸 0.5 g，メタノール 5 mL，濃硫酸 1 mL を入れ，沸騰石を加えた。この試験管に十分に長いガラス管を取り付け，熱水の入ったビーカーの中で 30 分間熱した。この試験管の内容物を冷やした後，30 mL の ウ が入ったビーカーに少しずつ加えたところ，A が生成した。

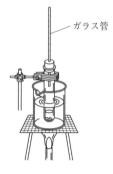

問1 Aの構造式に示された空欄（ ア ・ イ ）に当てはまる官能基と，文中の空欄（ ウ ）に当てはまる溶液の組合せとして最も適当なものを，次の①〜⑥のうちから一つ選べ。

	ア	イ	ウ
①	-COOH	-OCH₃	6 mol/L 水酸化ナトリウム水溶液
②	-COOCH₃	-OCH₃	6 mol/L 水酸化ナトリウム水溶液
③	-COOCH₃	-OH	6 mol/L 水酸化ナトリウム水溶液
④	-COOH	-OCH₃	飽和炭酸水素ナトリウム水溶液
⑤	-COOCH₃	-OCH₃	飽和炭酸水素ナトリウム水溶液
⑥	-COOCH₃	-OH	飽和炭酸水素ナトリウム水溶液

問2 右上の図で，ガラス管を取り付けて反応を行う理由として最も適当なものを，次の①〜⑤のうちから一つ選べ。
① 反応液に空気を接触させて，反応を促進させるため。
② 蒸発した物質を再び凝縮させて，反応液に戻すため。
③ 反応生成物を取り出しやすくするため。
④ 反応液の温度を一定に保つため。
⑤ 反応液が突沸するのを防ぐため。

問3 この実験では，得られたAは微小な油滴として存在していたので，ピペットを使ってAだけを取り出すことはできなかった。A を他の内容物から分離し，取り出す方法として最も適当なものを，次の①〜⑤のうちから一つ選べ。

① ビーカーの内容物をろ過して，ろ紙の上に集める。

② ビーカーの内容物をろ過して，ろ液を蒸発皿に入れて溶媒を蒸発させる。

③ ビーカーの内容物にメタノールを加えてかき混ぜた後，溶液を蒸発皿に入れて溶媒を蒸発させる。

④ ビーカーの内容物を分液漏斗に移し，エーテルを加えて振り混ぜた後，静置して上層を取り出す。これを蒸発皿に入れて溶媒を蒸発させる。

⑤ ビーカーの内容物を分液漏斗に移し，エーテルを加えて振り混ぜた後，静置して下層を取り出す。これを蒸発皿に入れて溶媒を蒸発させる。

（センター試験・改）

第4章

有機化合物の性質

113 医薬品の合成経路

次の①〜③に示した医薬品の合成方法について、下の問い（問1〜3）に答えよ。ただし、記号が同じ操作は同一の実験操作を示す。

① アセチルサリチル酸（解熱鎮痛薬）の合成

② アセトフェネチジン（解熱鎮痛薬）の合成

③ ベンゾカイン（局所麻酔薬）の合成

問1　操作アと操作イの組合せとして最も適当なものを，次の①～⑥のうちから一つ選べ。

	操作ア	操作イ
①	0 ℃で二酸化炭素と反応させる。	メタノールと反応させる。
②	0 ℃で二酸化炭素と反応させる。	無水酢酸と反応させる。
③	高温・高圧で二酸化炭素と反応させる。	メタノールと反応させる。
④	高温・高圧で二酸化炭素と反応させる。	無水酢酸と反応させる。
⑤	高温・高圧で酸素と反応させる。	メタノールと反応させる。
⑥	高温・高圧で酸素と反応させる。	無水酢酸と反応させる。

問2　操作ウ～オの反応名の組合せとして最も適当なものを，次の①～⑥のうちから一つ選べ。

	操作ウ	操作エ	操作オ
①	還元反応	エステル化	けん化
②	けん化	還元反応	エステル化
③	けん化	エステル化	還元反応
④	酸化反応	付加反応	けん化
⑤	酸化反応	エステル化	還元反応
⑥	還元反応	酸化反応	エステル化

問3　化合物Eの構造式として最も適切なものを，次の①～⑥のうちから一つ選べ。

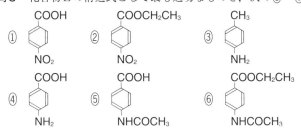

（北里大・改）

114 質量スペクトル

次の文章を読んで，下の問い（**問1**・**問2**）に答えよ。

A. 多くの元素は，いくつかの同位体が一定の比率で混ざった状態で天然に存在する。下の表は，いくつかの元素についてその同位体と存在比〔%〕を示したものである。

元素	同位体	存在比〔%〕
水素	^{1}H	99.99
	^{2}H	0.01
炭素	^{12}C	98.93
	^{13}C	1.07
塩素	^{35}Cl	75.76
	^{37}Cl	24.24
臭素	^{79}Br	50.69
	^{81}Br	49.31
ヨウ素	^{127}I	100.00

クロロベンゼン（C_6H_5Cl）を構成する炭素，水素，塩素には上の表のように同位体が存在する。同位体の存在比を考慮すると，^{13}C や ^{2}H を含むクロロベンゼンは少ないので，これらを含む物質の存在量は，この問題では無視する。しかし，塩素の同位体 ^{35}Cl および ^{37}Cl を含むクロロベンゼンの存在比は，これら同位体の存在比と同じ

$^{12}C_6{}^{1}H_5{}^{35}Cl$（相対質量 112）：$^{12}C_6{}^{1}H_5{}^{37}Cl$（相対質量 114）＝75.76：24.24≒3：1

になると考えられ，この比はクロロベンゼンの一般的な存在比と考えてよい。

実際にクロロベンゼン $^{12}C_6{}^{1}H_5{}^{35}Cl$：$^{12}C_6{}^{1}H_5{}^{37}Cl$ の存在比を測定するには，質量分析計が用いられる。クロロベンゼンを質量分析計によって分析すると，図1の結果（質量スペクトル）が得られ，$^{12}C_6{}^{1}H_5{}^{35}Cl$（相対質量 112）：$^{12}C_6{}^{1}H_5{}^{37}Cl$（相対質量 114）の存在比をおよそ 3：1 と求めることができる。

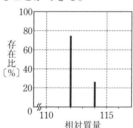

図1 クロロベンゼンの質量スペクトル
（横軸の1目盛は相対質量1に相当する。）

問1 フェノールに過剰量の臭素を十分に反応させたときに得られる生成物の質量スペクトルのパターンとして，最も適当なものを，次の①〜⑥のうちから一つ選べ。ただし，質量スペクトルのピークは，図に示したもの以外には得られなかった。また，それぞれの図の横軸が示す相対質量の範囲は異なるが，相対質量は右に行くほど大きくなり，目盛の間隔は相対質量1である。

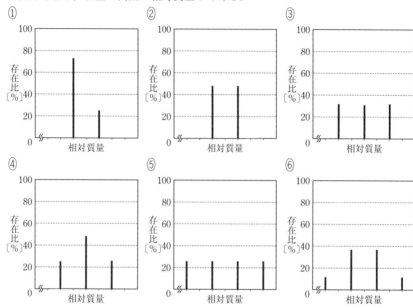

B. 2010年ノーベル化学賞を受賞した鈴木章博士は，(1)式に示すように，有機ハロゲン化合物と有機ホウ素化合物から新たに炭素–炭素結合をつくる鈴木クロスカップリング反応を発見した。この反応は，化合物1(有機ハロゲン化合物)と化合物2(有機ホウ素化合物)から化合物3をつくる反応である。化合物1のハロゲン(X)は塩素，臭素，ヨウ素のいずれでも反応するが，ハロゲンの種類により反応性が異なり，化合物3のできる速度は異なる。

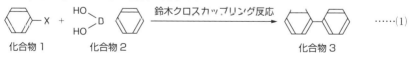

(Xは，塩素，臭素またはヨウ素を示す。)

第4章 有機化合物の性質

問2 *p*-ブロモヨードベンゼンと化合物2を用いて，(2)式に示す鈴木クロスカップリング反応を行った。得られた生成物（有機化合物）の質量スペクトルのパターンを図2に示す。生成物に関する記述として最も適当なものを，下の①～⑥のうちから一つ選べ。ただし，質量スペクトルのピークは，図に示したもの以外には得られなかった。図の横軸の相対質量は右に行くほど大きくなり，目盛の間隔は相対質量1である。

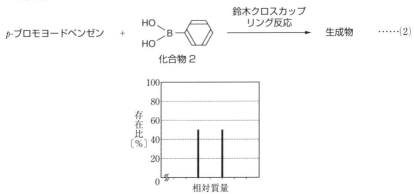

図2 生成物の質量スペクトル
（横軸の1目盛は相対質量1に相当する。）

① *p*-ブロモヨードベンゼンの炭素-水素結合の部分で化合物2と反応した。
② *p*-ブロモヨードベンゼンの炭素-臭素結合の部分で化合物2と反応した。
③ *p*-ブロモヨードベンゼンの炭素-ヨウ素結合の部分で化合物2と反応した。
④ *p*-ブロモヨードベンゼンの炭素-水素結合の部分で化合物2と反応した化合物と，*p*-ブロモヨードベンゼンの炭素-臭素結合の部分で化合物2と反応した化合物が，1：1の比で生成した。
⑤ *p*-ブロモヨードベンゼンの炭素-水素結合の部分で化合物2と反応した化合物と，*p*-ブロモヨードベンゼンの炭素-ヨウ素結合の部分で化合物2と反応した化合物が，1：1の比で生成した。
⑥ *p*-ブロモヨードベンゼンの炭素-臭素結合の部分で化合物2と反応した化合物と，*p*-ブロモヨードベンゼンの炭素-ヨウ素結合の部分で化合物2と反応した化合物が，1：1の比で生成した。

(北里大・改)

115 アセトアミノフェン合成

⏱ 7分 ▶▶ 解答 P.111

次の文章を読んで，下の問い（問1～3）に答えよ。

　学校の授業でアニリンと無水酢酸からアセトアニリドをつくった生徒が，この反応を応用すれば，p-アミノフェノールと無水酢酸からかぜ薬の成分であるアセトアミノフェンが合成できるのではないかと考え，理科課題研究のテーマとした。

p-アミノフェノール	無水酢酸	アセトアミノフェン	酢酸
分子量 109	分子量 102	分子量 151	分子量 60

以下は，この生徒の研究の経過である。

---

　p-アミノフェノールの性質を調べたところ，次のことがわかった。

　　・塩酸に溶ける。
　　・塩化鉄（Ⅲ）水溶液，さらし粉水溶液のいずれでも呈色する。

　そこで，p-アミノフェノール 2.18 g に無水酢酸 5.00 g を加え，加熱後室温に戻したところ，白色固体Xが得られた。(a)Xは塩酸に不溶であったが，呈色反応を調べたところ，アセトアミノフェンではないと気づいた。

　文献を調べると，水を加えて反応させるとよい，との情報が得られた。

　そこで，p-アミノフェノール 2.18 g に水 20 mL と無水酢酸 5.00 g を加えて加熱後室温に戻したところ，塩酸に不溶の白色固体Yが得られた。(b)Yの呈色反応の結果から，今度はアセトアミノフェンが得られたと考えた。融点を測定すると，文献の値より少し低かった。これはYが不純物を含むためだと考え，Yを精製することにした。(c)Yに水を加えて加熱して完全に溶かし，ゆっくりと室温に戻して析出した固体をろ過，乾燥した。得られた固体Zは 1.51 g であった。Zの融点は文献の値と一致した。以上のことから，Zは純粋なアセトアミノフェンであると結論づけた。

第4章　有機化合物の性質

98　第4章　有機化合物の性質

問1　下線部(a)と下線部(b)に関連して，この生徒はどのような呈色反応を観察したか。その観察結果の組合せとして最も適当なものを，次の①〜⑥のうちから一つ選べ。ただし，選択肢中の○は呈色したことを，×は呈色しなかったことを表す。

	固体Xの呈色反応		固体Yの呈色反応	
	塩化鉄(Ⅲ)	さらし粉	塩化鉄(Ⅲ)	さらし粉
①	○	×	×	×
②	○	×	×	○
③	×	○	×	×
④	×	○	○	×
⑤	×	×	○	×
⑥	×	×	×	○

問2　化学反応では，反応物がすべて目的の生成物になるとは限らない。反応物の物質量と反応式から計算して求めた生成物の物質量に対する，実際に得られた生成物の物質量の割合を収率といい，ここでは次の式で求められる。

$$収率〔\%〕＝\frac{実際に得られたアセトアミノフェンの物質量〔mol〕}{反応式から計算して求めたアセトアミノフェンの物質量〔mol〕}×100$$

この実験で得られた純粋なアセトアミノフェンの収率は何％か。最も適当な数値を，次の①〜⑤のうちから一つ選べ。

① 34　② 41　③ 50　④ 69　⑤ 72

問3　下線部(c)の操作の名称と，固体Zに比べて固体Yの融点が低かったことに関連する語の組合せとして最も適当なものを，次の①〜⑥のうちから一つ選べ。

	操作の名称	関連する語
①	凝析	過冷却
②	凝析	凝固点降下
③	抽出	過冷却
④	抽出	凝固点降下
⑤	再結晶	過冷却
⑥	再結晶	凝固点降下

(共通テスト試行調査)

第5章 高分子化合物の性質

基本問題

116 単糖類と二糖類　　　　　　　　　　　① 分 ▶ 解答 P.113

単糖類および二糖類に関する記述として下線部に**誤りを含むもの**を，次の①〜⑥のうちから**二つ**選べ。

① グルコースの鎖状構造と環状構造では，<u>不斉炭素原子の数は等しい</u>。

② α-グルコースとβ-グルコースは，<u>互いに立体異性体である</u>。

③ 単糖であるグルコースとフルクトースは，<u>互いに構造異性体である</u>。

④ 二糖は，単糖2分子が脱水縮合したもので，この反応でできたC-O-Cの構造を<u>グリコシド結合</u>という。

⑤ 1分子のラクトースを加水分解すると，<u>2分子のグルコースになる</u>。

⑥ スクロースから得られる転化糖は，<u>還元性を示す</u>。

117 多糖類　　　　　　　　　　　　　　　① 分 ▶ 解答 P.115

多糖類に関する記述として**誤りを含むもの**を，次の①〜⑥のうちから**二つ**選べ。

① 水中に分散したデンプンは，分子1個でコロイド粒子となる。

② アミロースは，アミロペクチンより枝分かれが多い構造をもつ。

③ アミロース水溶液は，ヨウ素デンプン反応を示す。

④ グリコーゲンは，多数のグルコースが縮合した構造をもつ。

⑤ セルロースの再生繊維は，レーヨンとよばれる。

⑥ 綿の主成分は，多糖のアミロースである。

118 セルロースの利用　　　　　　　　　　② 分 ▶ 解答 P.115

ジアセチルセルロースはアセテート繊維の原料である。いま，セルロース（繰り返し単位の式量162）16.2 g を少量の濃硫酸を触媒として無水酢酸と反応させ，すべてのヒドロキシ基をアセチル化し，トリアセチルセルロースを得た。これをおだやかな条件で加水分解し，ジアセチルセルロースを得た。得られたジアセチルセルロースは何gか。最も適当な数値を，次の①〜⑥のうちから**一つ**選べ。ただし，原子量はH=1.0，C=12，O=16 とし，トリアセチルセルロースは完全にジアセチルセルロースになるものとする。

① 20.4　② 20.7　③ 24.6　④ 25.2　⑤ 28.8　⑥ 29.7

119 ペプチド

ポリペプチドAは、システイン、セリン、チロシン、リシンの4種類のアミノ酸でできている。ポリペプチドAの水溶液を用いて、次の**実験1・2**を行った。これらの実験結果から、ポリペプチドAを構成するアミノ酸として確認できるものはどれか。最も適当な組合せを、下の①〜④のうちから一つ選べ。

実験1 濃硝酸を加えて加熱すると黄色になり、冷却後にアンモニア水を加えると橙黄色になった。

実験2 濃い水酸化ナトリウム水溶液を加えて加熱した後、酢酸で中和し、酢酸鉛(Ⅱ)水溶液を加えると黒色沈殿を生じた。

	実験1から確認できるアミノ酸	実験2から確認できるアミノ酸
①	CH₂−CH−COOH | | OH NH₂ セリン	CH₂−CH₂−CH₂−CH₂−CH−COOH | | NH₂ NH₂ リシン
②	CH₂−CH−COOH | | OH NH₂ セリン	CH₂−CH−COOH | | SH NH₂ システイン

③	HO−〈◯〉−CH₂−CH−COOH
	                       |
	                       NH₂
	チロシン
		CH₂−CH₂−CH₂−CH₂−CH−COOH
		| |
		NH₂ NH₂
		リシン

④	HO−〈◯〉−CH₂−CH−COOH
	                       |
	                       NH₂
	チロシン
		CH₂−CH−COOH
		| |
		SH NH₂
		システイン

120 タンパク質

タンパク質に関する記述として**誤り**を含むものを、次の①〜⑥のうちから一つ選べ。

① 加水分解したとき、アミノ酸のほかに糖類やリン酸などの物質も同時に得られるタンパク質を、複合タンパク質という。
② 水溶性のタンパク質を水に溶かすとコロイド溶液となる。
③ α-アミノ酸どうしが水素結合を行うことによって、タンパク質の一次構造が生じる。
④ ポリペプチド鎖にある二つのシステインは、ジスルフィド結合(S−S結合)をつくることができる。
⑤ タンパク質の変性は、高次構造(立体構造)が変化することによる。
⑥ 生体内ではたらく酵素の中には、最適pHが中性付近でないものがある。

121 核酸

天然に存在する核酸に関する記述として**誤りを含むもの**を，次の①～⑥のうちから二つ選べ。

① 核酸の単量体に相当する分子をヌクレオチドという。
② 核酸は，窒素を含む環状構造の塩基をもつ。
③ 核酸は，それを構成する塩基のアミノ基とリン酸が縮合した構造をもつ。
④ DNAの二重らせん構造では，糖どうしが水素結合を形成している。
⑤ DNAの糖部分は，RNAの糖部分とは異なる構造をもつ。
⑥ DNAとRNAに共通する塩基は，3種類ある。

122 DNAの構造

DNA中の4種類の塩基は，分子間で水素結合を形成して対となり，二重らせん構造を安定に保っている。次の図はDNAの二重らせん構造の一部である。右側の塩基（灰色部分）と水素結合を形成する左側の部分Xとして最も適当なものを，下の①～④のうちから一つ選べ。

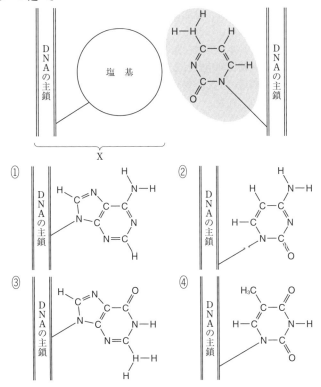

123 合成高分子の性質

合成高分子化合物に関する記述として**誤りを含むもの**を，次の①〜⑥のうちから三つ選べ。

① 鎖状構造だけでなく，網目状構造の高分子もある。
② 非結晶部分(無定形部分)をもたない。
③ 明確な融点を示さない。
④ 熱可塑性樹脂は，加熱によって成形加工しやすくなる。
⑤ 合成高分子の平均分子量は，分子数の最も多い高分子の分子量で表される。
⑥ ポリ袋に用いられる低密度ポリエチレンは，ポリ容器に用いられる高密度ポリエチレンより結晶部分が多い。

124 合成高分子の利用

合成高分子の利用に関する記述として**誤りを含むもの**を，次の①〜⑥のうちから一つ選べ。

① アクリル繊維は，主にアクリロニトリルを付加重合させて得られる。
② ポリメタクリル酸メチルは，付加重合によって生成し，透明度が高いので，水槽やプラスチックレンズに用いられる。
③ ビニロンは，ポリビニルアルコールとホルムアルデヒドの反応で得られる合成繊維であり，ロープや漁網に利用される。
④ ポリ乳酸は，自然環境の下で分解し無害化するので，環境に配慮した生分解性プラスチックとして利用される。
⑤ アラミド繊維は付加縮合によって得られる高分子であり，強さと弾力性をもち耐熱性に優れているので，消防士の服や防弾チョッキなどに利用される。
⑥ ポリエチレンテレフタラートは，縮合重合によって得られるポリエステルの一種であり，衣料や飲料容器などに利用される。

125 合成高分子の特徴

次の記述(a〜c)のいずれにも**当てはまらない**高分子化合物を，下の①〜⑧のうちから**二つ**選べ。

　a　合成にHCHOを用いる。　　b　縮合重合で合成される。
　c　窒素原子を含む。

① 尿素樹脂　　　② ビニロン　　　③ ナイロン66
④ ポリスチレン　　⑤ フェノール樹脂
⑥ ポリエチレンテレフタラート (PET)　　⑦ ポリアクリロニトリル
⑧ スチレンブタジエンゴム (SBR)

126 合成高分子の構造

次の記述（a～e）に当てはまる高分子の構造の一部として最も適当なものを，下の①～⑤のうちからそれぞれ一つずつ選べ。

a　イオン交換樹脂として用いられる高分子
b　天然ゴム（生ゴム）の主成分である高分子
c　ε-カプロラクタムの開環重合でつくられる高分子
d　パイプや水道管に用いられる高分子
e　食品容器や繊維に用いられる高分子

① ----C-CH₂-CH₂-CH₂-CH₂-CH₂-NH----
　　‖
　　O

② ----CH₂-CH-CH₂-CH----
　　　　　|　　　　|
　　　　　Cl　　　Cl

③ ----CH₂-CH-CH₂-CH----
　　　　　|　　　　|
　　　　　CH₃　　CH₃

④ ----CH₂-C=CH-CH₂-CH₂-C=CH-CH₂----
　　　　　|　　　　　　　　　|
　　　　　CH₃　　　　　　　CH₃

⑤ ----CH₂-CH-CH₂-CH-CH₂-CH----
　　　　　|　　　　|　　　　|
　　　　（C₆H₄）（C₆H₄）（C₆H₄）
　　　　　|　　　　|　　　　|
　　　　SO₃H　　SO₃H
　　　　　　　　　　　　　　　　
　　　----CH-CH₂-CH-CH₂----
　　　　　|
　　　　（C₆H₄）
　　　　　|
　　　　SO₃H

127 合成高分子の縮合重合

飽和脂肪族ジカルボン酸 HOOC–(CH₂)$_x$–COOH とヘキサメチレンジアミン H₂N–(CH₂)₆–NH₂ を縮合重合させて，右下の図に示す直鎖状の高分子を得た。この高分子の平均重合度 n は 100，平均分子量は 2.82×10^4 であった。1分子のジカルボン酸に含まれるメチレン基 –CH₂– の数 x はいくつか。最も適当な数値を，次の①～⑤のうちから一つ選べ。なお，原子量は H=1.0，C=12，N=14，O=16 とする。

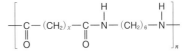

① 4　　② 6　　③ 8　　④ 10　　⑤ 12

実戦問題

128 α-アミノ酸

α-アミノ酸に関する次の文章を読んで，下の問い（**問1〜3**）に答えよ。

pHが6.0の緩衝液で全体を湿らせた長方形のろ紙の中央部分に2種類のアミノ酸X，Yを置き，ろ紙の両端に直流電圧をかけて電気泳動を行った。一定時間後にろ紙上のアミノ酸を検出して位置を確認したところ，アミノ酸Xは陽極側にも陰極側にも移動しなかったが，アミノ酸Yは同じ条件下で陽極側へ移動していた。

問1 pH=6.0におけるアミノ酸Xの構造式を，次の①〜④のうちから一つ選べ。なお，アミノ酸Xの側鎖は炭化水素基であり，-Rと表す。

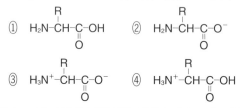

問2 アミノ酸Xを陽極側に移動させるには，実験条件をどのように変えたらよいか。最も適当なものを，次の①〜④のうちから一つ選べ。
① ろ紙を湿らせる緩衝溶液の量を少なくする。
② ろ紙を湿らせる緩衝溶液の量を多くする。
③ ろ紙を湿らせる緩衝溶液のpHを小さくする。
④ ろ紙を湿らせる緩衝溶液のpHを大きくする。

問3 アミノ酸Yの側鎖に存在し，陽極側への移動の原因となる官能基の名称を，次の①〜④のうちから一つ選べ。
① カルボキシ基　② アルデヒド基　③ ヒドロキシ基　④ アミノ基

(岩手大・改)

129 ペプチドの分析

ジペプチドAは，図1に示すアスパラギン酸，システイン，チロシンの3種類のアミノ酸のうち，同種あるいは異種のアミノ酸が脱水縮合した化合物である。ジペプチドAを構成しているアミノ酸の種類を決めるために，アスパラギン酸，システイン，チロシン，ジペプチドAの成分元素の含有率を質量パーセント〔%〕で比較したところ，図2のようになった。ジペプチドAを構成しているアミノ酸の組合せとして最も適当なものを，下の①～⑥のうちから一つ選べ。なお，原子量は H=1.0，C=12，N=14，O=16，S=32 とする。

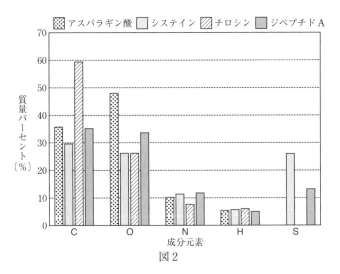

① アスパラギン酸とアスパラギン酸
② アスパラギン酸とシステイン
③ アスパラギン酸とチロシン
④ システインとシステイン
⑤ システインとチロシン
⑥ チロシンとチロシン

(センター試験)

130 タンパク質と豆腐の化学

次の文章を読んで，下の問い(問1～3)に答えよ。

豆腐は，大豆に含まれるタンパク質を豆乳の形で取り出し，水分を含んだ状態で固めたものである。以下の**操作1～5**は，豆腐をつくる工程である。この工程を標準操作とよぶことにする。

操作1 〔浸漬〕大豆を水に一晩浸す。
操作2 〔粉砕〕ミキサーなどで粉砕する。
操作3 〔加熱〕沸騰するまで加熱し，その後，弱火でさらに5分間加熱する。
操作4 〔こし分け〕さらしなどの布で固体部分と液体部分(豆乳)に分ける。
操作5 〔塩の添加〕豆乳の温度が70℃に下がったときに塩の水溶液として$MgCl_2$水溶液を加える。すると豆乳は固まり，豆腐となる。

標準操作の順番や条件を変え，次のような実験を行った。
実験1 〔浸漬〕後すぐに〔粉砕〕せず，やわらかくなるまで加熱して得られた大豆を〔粉砕〕し，〔こし分け〕たところ，液体は出てきたが，それに$MgCl_2$水溶液を加えても固まらなかった。
実験2 〔塩の添加〕において，$MgCl_2$水溶液を投入せずに豆乳の温度を70℃以下に下げていくと，25℃になっても豆乳は固まらなかった。その後，25℃のまま$MgCl_2$水溶液を加えると，豆乳は固まった。
実験3 豆乳に添加する塩として，$NaCl$，K_2SO_4，$MgCl_2$，$MgSO_4$，$CaCl_2$の水溶液，および固体の$CaCO_3$の6種類を用いた。$MgCl_2$，$MgSO_4$，$CaCl_2$を添加した場合は固まったが，$NaCl$，K_2SO_4，$CaCO_3$を添加した場合は，いずれも固まらなかった。

問1　実験1で豆乳が固まらなかったことを説明する仮説として適当なものを，次の①～⑥のうちから**二つ**選べ。

① 大豆の細胞膜を破壊せずに加熱したため，大豆の内部に熱が行きわたらず，タンパク質が加水分解されなかったから。

② 大豆の細胞膜を破壊せずに加熱したため，その間は大豆のタンパク質が水に溶け出さず，豆乳に含まれなかったから。

③ 大豆の細胞膜を破壊せずに加熱したため，水が大豆の細胞内に浸透し，タンパク質が加水分解されてしまったから。

④ 加熱によって大豆のタンパク質が変性し，水に溶けなくなって，豆乳に含まれなかったから。

⑤ 加熱によって大豆のタンパク質が加水分解され，α-アミノ酸になってしまったから。

⑥ 加熱によって大豆のタンパク質が縮合重合し，高分子量化してしまって水に溶け出さず，豆乳に含まれなかったから。

問2　実験3の結果にもとづいて，豆乳を固まらせるために必要な塩の性質を説明したものとして，最も適当なものを次の①～⑥のうちから一つ選べ。

① 1価の陽イオンを含み，水に可溶な塩

② 1価の陰イオンを含み，水に可溶な塩

③ 2価の陽イオンを含み，水に可溶な塩

④ 2価の陰イオンを含み，水に可溶な塩

⑤ 2価の陽イオンを含み，水に不溶な塩

⑥ 2価の陰イオンを含み，水に不溶な塩

108 第5章　高分子化合物の性質

問3 豆乳を固まらせる仕組みについて述べた文章として，最も適当なものを次の①
　〜⑥のうちから一つ選べ。

① 電荷の小さな陽イオンが，タンパク質のペプチド結合と弱いクーロン力で結び
　つき，立体構造を変化させてゲル化させる。

② 電荷の小さな陰イオンが，タンパク質のペプチド結合と弱いクーロン力で結び
　つき，立体構造を変化させてゲル化させる。

③ 電荷の大きな陽イオンが，タンパク質に含まれる酸性アミノ酸の側鎖部分どう
　しを強いクーロン力で結びつけ，タンパク質分子どうしをつなぎ合わせてゲル化
　させる。

④ 電荷の大きな陰イオンが，タンパク質に含まれる酸性アミノ酸の側鎖部分どう
　しを強いクーロン力で結びつけ，タンパク質分子どうしをつなぎ合わせてゲル化
　させる。

⑤ 電荷の大きな陽イオンが，タンパク質に含まれる塩基性アミノ酸の側鎖部分ど
　うしを強いクーロン力で結びつけ，タンパク質分子どうしをつなぎ合わせてゲル
　化させる。

⑥ 電荷の大きな陰イオンが，タンパク質に含まれる塩基性アミノ酸の側鎖部分ど
　うしを強いクーロン力で結びつけ，タンパク質分子どうしをつなぎ合わせてゲル
　化させる。

(旭川医科大・改)

131 糖と合成高分子（のり）

⏱ 6分 ▶ 解答 P.127

次の文章を読んで，下の問い（問1～3）に答えよ。

デンプンのり（デンプンと水を加熱してできるゲル）で紙を貼り合わせる場合の接着のしくみを考えてみよう。

デンプンはグルコースの縮合重合体である。グルコースは，(a)水溶液中で次の図のような平衡状態にある。

環状構造(α-グルコース)　　　　　　鎖状構造　　　　　　環状構造(β-グルコース)

紙の素材であるセルロースもまた，グルコースの縮合重合体である。紙にデンプンのりを塗って貼り合わせ，しばらくするとはがれなくなる。これは，水が蒸発してデンプン分子とセルロース分子が近づき，分子間に水素結合およびファンデルワールス力がはたらいて，分子どうしが引き合うようになったことなどによる。これらの力は分子どうしが接触する箇所ではたらき，その箇所が多いほど大きな力となる。デンプンもセルロースも高分子化合物なので，両者が接触する箇所は多い。その結果，双方の分子が大きな力で引き合って，接着現象がもたらされる。

デンプンは細菌などによって分解されるので，デンプンのりは劣化しやすい。このため，(b)石油を原料とした合成高分子化合物を使ったのりもつくられている。

問1 下線部(a)に関して，グルコースの一部が水溶液中で図の鎖状構造をとっていることを確認する方法として最も適当なものを，次の①～⑥のうちから一つ選べ。

① 臭素水を加えて，赤褐色の脱色を確認する。

② ヨウ素ヨウ化カリウム水溶液（ヨウ素溶液）を加えて，青紫色の呈色を確認する。

③ アンモニア性硝酸銀水溶液を加えて加熱し，銀の析出を確認する。

④ 酢酸と濃硫酸を加えて加熱し，芳香を確認する。

⑤ ニンヒドリン溶液を加えて加熱し，紫色の呈色を確認する。

⑥ 濃硝酸を加えて加熱し，黄色の呈色を確認する。

問2 下線部(a)に関して，前ページの図のような平衡状態は，グルコース以外でも見られることがわかっている。このことを参考にして，メタノール CH_3OH とアセトアルデヒド CH_3CHO の混合物中に存在すると考えられる分子を，次の①～⑤のうちから一つ選べ。

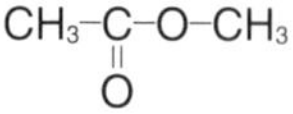

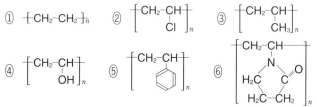

問3 下線部(b)に関して，水素結合とファンデルワールス力の両方がはたらき，紙を貼り合わせるのりとして適当なものを，次の①～⑥のうちから二つ選べ。

① $+CH_2-CH_2+_n$ ② $\begin{bmatrix} CH_2-CH \\ Cl \end{bmatrix}_n$ ③ $\begin{bmatrix} CH_2-CH \\ CH_3 \end{bmatrix}_n$

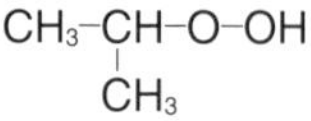

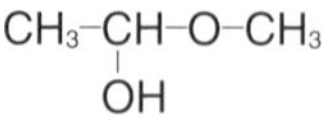

④ $\begin{bmatrix} CH_2-CH \\ OH \end{bmatrix}_n$ ⑤ $\begin{bmatrix} CH_2-CH \\ C_6H_5 \end{bmatrix}_n$ ⑥ $\begin{bmatrix} CH_2-CH \\ \diagdown N \diagup \\ H_2C C=O \\ H_2C-CH_2 \end{bmatrix}_n$

(共通テスト試行調査)

132 ビニロンの合成　⏱ ③分 ▶▶ 解答 P.128

次の図に示すように，ポリビニルアルコール（繰り返し単位 $\text{[CHOH-CH}_2\text{]}$ の式量 44）をホルムアルデヒドの水溶液で処理すると，ヒドロキシ基の一部がアセタール化されて，ビニロンが得られる。ヒドロキシ基の 50% がアセタール化される場合，ポリビニルアルコール 88 g から得られるビニロンは何 g か。最も適当な数値を，下の①～⑥のうちから一つ選べ。なお，原子量は，H=1.0，C=12，O=16 とする。

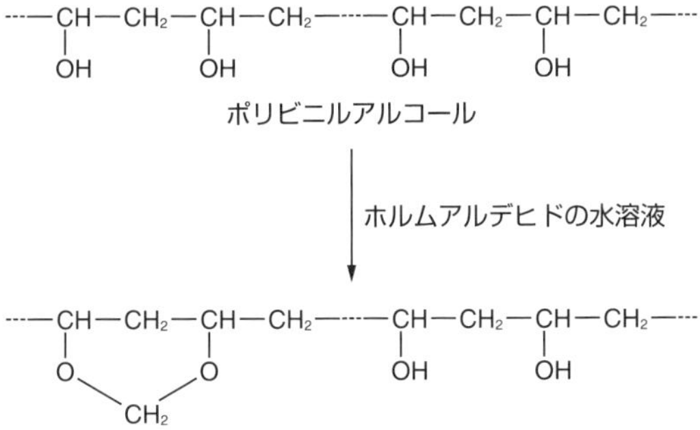

```
----CH-CH2-CH-CH2----  CH-CH2-CH-CH2----
    |      |           |      |
    OH     OH          OH     OH
```

ポリビニルアルコール

↓ ホルムアルデヒドの水溶液

```
----CH-CH2-CH-CH2----  CH-CH2-CH-CH2----
    |      |           |      |
    O      O           OH     OH
     \    /
      CH2
```

ビニロン

① 91　　② 94　　③ 96　　④ 98　　⑤ 100　　⑥ 102

（センター試験）

第5章　高分子化合物の性質

〔大学入学共通テスト　化学　実戦対策問題集〕岡島光洋

大学入学
共通テスト
実戦対策問題集
化学

別冊
解答 ▶

旺文社

大学入学
共通テスト
実戦対策問題集

別冊
解答 ▶

化学

旺文社

第1章 化学基礎分野とその関連分野

1 ③

解説 ① 金属元素と非金属元素の原子の結合はイオン結合である。金属の原子は電子を出し陽イオンに，非金属の原子は電子を受け取り陰イオンとなり，両者が静電気的な引力（クーロン力）で結び付く。正しい。
② 不対電子を出し合って共有電子対をつくることによる結合は共有結合である。正しい。
③ 非金属元素の原子どうしの結合は共有結合だが，共有結合の結晶とは，原子が切れ目なく共有結合でつながったものである。ヨウ素は2原子が1本の共有結合でつながってヨウ素分子 I–I となったら，もうそれ以上共有結合をつくることはない。隣の I–I との間は分子間力で弱く結び付いている。このような結晶は分子結晶である。誤り。
④ 結合の極性と分子の極性は別物である。たとえば CO_2 (O=C=O) は，C=O 結合には極性があるが，分子全体では C=O 結合の極性が打ち消し合うため，無極性分子となる。正しい。
⑤ 配位結合は，片方の原子が一方的に非共有電子対を供与して共有電子対をつくることによる結合だが，結合後は他の共有結合と同じ性質になり区別できなくなる。正しい。
⑥ 金属が展性・延性を示すのは，原子の配列がずれても，自由電子が金属原子を結び付け続け，結合が保たれるからである。正しい。

2 ②

解説 aはH，bはC，cはN，dはO原子を表している。
① NH_3 の N–H 結合は強く分極しており，分子間で負に帯電したN原子が，正に帯電したH原子をはさんで結合する水素結合を行う。正しい。
② CO_2 の電子式は :Ö::C::Ö: と表され，☐ で囲んだ4組の電子対が非共有電子対である。誤り。
③ N_2 の電子式は :N⋮⋮N:，構造式は N≡N と表され，三重結合をもつ。正しい。
④ H_2O は折れ線形の分子構造をもつ。水分子の電子式は H:Ö:H で表され，中心のO原子のまわりに共有，非共有合わせて4組の電子対がある（右図）。これらは反発し合うため，最も離れ合う正四面体の頂点方向へと伸長する。このうち2つの頂点にH原子が結合するので，原子の位置をたどると折れ線形となる。正しい。

非共有電子対
共有電子対

⑤ CH₄（電子式 H:C:H は，C 原子から正四面体の頂点方向に 4 組の
共有電子対が伸長し，4 つの頂点全部に H 原子が結合するので正四面
体形の分子構造をとる（右図）。C–H 結合には，電気陰性度の差に起
因する極性があるが，分子全体では 4 つの C–H 結合の極性が打ち消
し合うため，無極性分子となる。正しい。

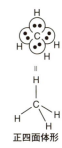

正四面体形

⑥ アンモニウムイオン NH₄⁺ の電子式は $\left[\begin{array}{c}\text{H}\\\text{H:N:H}\\\text{H}\end{array}\right]^+$ と表される

ため，メタン CH₄ と同様に正四面体構造をとると推測できる（右
図）。正しい。

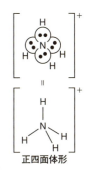

正四面体形

3 ①

解説 ▶ a 塩化水素 HCl の H–Cl 結合は，非金属の原子どうしの結合なので共有
結合である。したがって，HCl はイオン結晶ではなく分子結晶をとる。
　しかし，H と Cl の電気陰性度の差が大きいため，H–Cl 分子は大きな極性をもつ。
極性分子は，分子の一端が負に，他方が正に帯電しているため，分子間に弱い静電
気的引力がはたらく。このため，分子量が同程度の無極性分子と比べると沸点が若
干高くなる。正しい。

$^{\delta+}$H–Cl$^{\delta-}$ ······ $^{\delta+}$H–Cl$^{\delta-}$
　　　　　↑
　　　弱い静電気的引力
　　（水素結合とは違う）

b NH₃，H₂O，HF は，分子間で水素結合をつくるため，沸点が分子量の割に高くな
る。水素結合は，強く負に帯電した電気陰性度の大きい原子（N，O，F）が，強く正
に帯電した H 原子をはさんで行う。正しい。

$^{\delta+}$H–F$^{\delta-}$ ······ $^{\delta+}$H–F$^{\delta-}$
　　　　　↑
N，O，F が H 原子をはさんだときは，
水素結合となる（上述の弱い静電気的引力
とは異なる結合で，より強い結合）

c すべての分子間にはファンデルワールス力という引力がはたらく。無極性分子は，この引力のみによって集合し，液体，固体になる。ファンデルワールス力は分子量が大きくなるほど増大するため，CH_4 どうしよりも SiH_4 どうしのほうが強く引き合って液体，固体になりやすい。したがって，それらを引き離して気体にするのに要する温度(＝沸点)は高くなる。<u>正しい</u>。

4 ①

まず，最初に基本的なモル計算について説明する。物質量〔mol〕は，質量〔g〕，個数，気体の体積〔L〕，およびモル濃度〔mol/L〕から，それぞれ以下の式で算出できる。

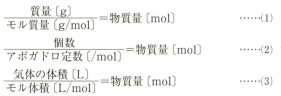

計算過程を可視化するために，上記の計算式を以下の図で示す。
(1)式より，

逆向きに計算したいときは，÷と×を入れ替えればよい。

(1)〜(4)式をまとめて図で示すと以下のようになる。

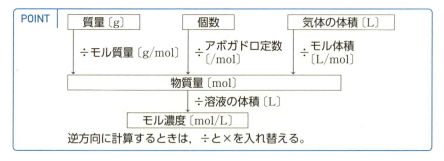

解説▶ ① 同体積なら水素のほうが軽いが，題意は「水素4Lの質量とヘリウム1Lの質量を比べよ」である。同温・同圧の気体なので，モル体積は等しい。モル体積を V_m〔L/mol〕とおき，各々の質量を W_{H_2}〔g〕，W_{He}〔g〕とおく。

H_2について，まず気体の体積〔L〕から物質量を求めると，

気体の体積〔L〕— 4
↓ ÷モル体積〔L/mol〕— V_m
物質量〔mol〕

H_2 の物質量 $\dfrac{4}{V_m}$〔mol〕

さらにこれを質量〔g〕に直す。

質量〔g〕— W_{H_2} 2.0
↑ ×モル質量〔g/mol〕
物質量〔mol〕— $\dfrac{4}{V_m}$

水素の質量 $W_{H_2}=\dfrac{4}{V_m}\times 2.0=\dfrac{8}{V_m}$〔g〕

He について同様に計算する。

W_{He}
質量〔g〕 4.0 気体の体積〔L〕— 1
↑ ×モル質量〔g/mol〕 ↓ ÷モル体積〔L/mol〕— V_m
物質量〔mol〕

ヘリウムの質量 $W_{He}=\dfrac{1}{V_m}\times 4.0=\dfrac{4}{V_m}$〔g〕

よって，H_2 4Lのほうが重い。<u>誤り</u>。

② CH_4 1分子中にH原子は4個含まれるから，CH_4 1mol中にはH原子は4mol含まれる。メタン8.0g中に含まれるH原子の物質量を n_H〔mol〕とおくと，

8.0 g
質量〔g〕 16
↓ ÷モル質量〔g/mol〕
CH_4 の物質量〔mol〕
↓ ×4 n_H
H原子の物質量〔mol〕

$n_H=\dfrac{8.0\,〔g〕}{16\,〔g/mol〕}\times 4=2.0$〔mol〕

よって，<u>正しい</u>。

③ 質量パーセント濃度は，溶液の質量に対する溶質の質量の割合だから，

$$質量パーセント濃度〔\%〕=\frac{溶質の質量〔g〕}{溶液の質量〔g〕}\times 100=\frac{25}{100+25}\times 100=20〔\%〕$$

よって，正しい。

別解 ▶ 図で表すと以下のようになる。

$125\times\dfrac{x}{100}=25$　　$x=20〔\%〕$　　よって，正しい。

④ モル濃度は，溶液 1 L に含まれる溶質の物質量〔mol〕である。これを y〔mol/L〕とおくと，

```
        4.0
     ┌──────┐
     │溶質〔g〕│
     └──┬───┘  40
        │÷モル質量〔g/mol〕
     ┌──▼─────┐   100
     │物質量〔mol〕│  ────
     └──┬─────┘  1000
        │÷溶液の体積〔L〕
     ┌──▼──────────┐
     │モル濃度〔mol/L〕│◀ y
     └─────────────┘
```

$$y=\frac{4.0}{40}\times\frac{1000}{100}=1.0〔mol/L〕$$
　〔mol〕〔1/L〕

よって，正しい。

5 ⑤

解説 ▶ 密度〔g/cm³〕は，体積 1 cm³ あたりの質量〔g〕なので，
体積〔cm³〕×密度〔g/cm³〕=質量〔g〕

```
┌質量〔g〕┐
│        │
│  ×密度〔g/cm³〕
│体積〔cm³〕│
└─────────┘
```

である。金属結晶の場合，原子量はモル質量と同値で，物質量 1 mol あたりの質量〔g〕，アボガドロ定数は物質量 1 mol あたりの個数である。原子量を A，いまの M の物質量を n〔mol〕とおく。

　物質量〔mol〕を仲立ちとして計算するために，まず体積から物質量を算出すると，

```
       ┌─質量〔g〕─┐         A
       │×密度〔g/cm³〕│÷モル質量〔g/mol〕
   ┌───▼────┐ 7.2 ┌──────▼───┐
   │体積〔cm³〕│────▶│物質量〔mol〕│
   └────────┘     └──────────┘
       10                n
```

$$n=\frac{10\times 7.2}{A}〔mol〕$$

次に個数から物質量を算出すると，

個数 $8.3×10^{23}$

↓ ÷アボガドロ定数〔/mol〕

物質量〔mol〕 $6.0×10^{23}$

$$n=\frac{8.3×10^{23}}{6.0×10^{23}}〔mol〕$$

2つの物質量は同じ値なので，等式で結ぶと，

$$\frac{10×7.2}{A}=\frac{8.3×10^{23}}{6.0×10^{23}}$$

$A≒52$ 答

6 ④

解説 ▶ 反応が起こっているので反応式を書く。Ag^+ と Cl^- が1個対1個で結び付き AgCl の沈殿になるから，

$$MCl_2 + 2AgNO_3 \longrightarrow 2AgCl ↓ + M(NO_3)_2$$

反応した MCl_2〔mol〕：生成した AgCl〔mol〕=1：2

（物質量比＝係数比の計算）を使う。下記より，質量〔g〕をモル質量〔g/mol〕で割れば物質量になるから，M の原子量を A とおくと，

$$\frac{3.66}{A+35.5×2} \quad : \quad 0.0400 \quad = \quad 1：2 \quad A=112 \text{ 答}$$

MCl_2〔mol〕　　　AgCl〔mol〕　　係数比

3.66 g

質量〔g〕 $A+35.5×2$

↓ ÷モル質量〔g/mol〕

物質量〔mol〕

7 ⑤

解説 ▶ Al と Al_2O_3 とを含む粉末 $3.61\,g$ について，各物質量を Al：a〔mol〕，Al_2O_3：b〔mol〕とおく。

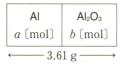

Al，Al_2O_3 の質量を各々 x〔g〕，y〔g〕とおくと，

Al：x
質量〔g〕 27
↑×モル質量〔g/mol〕
物質量〔mol〕 a $x=27a$〔g〕

Al_2O_3：y
質量〔g〕 102
↑×モル質量〔g/mol〕
物質量〔mol〕 b $y=102b$〔g〕

よって，総質量について，次の式が成り立つ。

　$27a+102b=3.61$ ……(1)

この粉末を希塩酸に加えると，以下の反応が起こる。

$Al_2O_3 + 6HCl \longrightarrow 2AlCl_3 + 3H_2O$

$2Al + 6HCl \longrightarrow 2AlCl_3 + 3H_2\uparrow$

水素を発生するのは Al のほうである。「物質量比＝係数比」の式が成り立つので，

　Al：H_2 ＝ a：0.195 ＝ 2：3 ……(2)
　　　　物質量比　　係数比

(1)，(2)式より，$a=0.130$〔mol〕，$b=9.80\times10^{-4}$〔mol〕

　$a:b=0.130:9.80\times10^{-4}\fallingdotseq \mathbf{130:1}$ 答

8 ⑤

解説 ▶ 濃度は溶液量には関係ないので，溶液量は適当な値を仮定してよい。溶液を1Lとおく。質量モル濃度を求めるために，<u>溶媒の質量〔g〕</u>と<u>溶質の物質量〔mol〕</u>を決める必要がある。モル濃度は溶液1Lあたりの溶質の物質量〔mol〕を表し，密度は<u>溶液 $1\,cm^3$（$=1\,mL$）</u>あたりの<u>溶液の質量〔g〕</u>を表す。<u>溶質の質量〔g〕</u>と物質量〔mol〕は，モル質量〔g/mol〕を使って換算する。

4 の POINT で示した計算図と，密度の計算（体積〔mL〕×密度〔g/cm³〕＝質量〔g〕）の計算図を使う。

溶液 1L として考えると，

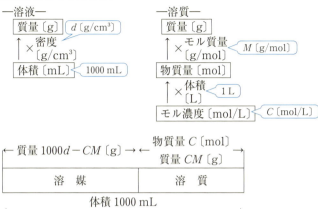

質量モル濃度を a〔mol/kg〕とおくと，

$$\frac{溶質〔mol〕}{溶媒〔g〕}=\frac{C}{1000d-CM}=\frac{a}{1000}$$

$a=\dfrac{1000C}{1000d-CM}$〔mol/kg〕 答

9 ⑥

解説▶ 直流電圧をかけたとき，陽極側（左側）に移動するイオンは陰イオンである。陰イオンのうち，酸性または塩基性を示すものは，選択肢の中では弱酸由来の CO_3^{2-}（弱塩基性を示す）である。

これは，CO_3^{2-} がわずかに次の反応を行い，OH^- を生じるからである。

$CO_3^{2-} + H_2O \rightleftharpoons HCO_3^- + OH^-$

したがって，「赤」色リトマス紙を使えば，CO_3^{2-} が存在する部分が変色し，陰イオンである CO_3^{2-} が陽極側に移動するにしたがって，変色部分も陽極側にひろがっていく。

以上のことから，

ア：赤， イ：Na_2CO_3， ウ：CO_3^{2-} 答

10 第1章　化学基礎分野とその関連分野

10 ⑤

解説 ▶ pH は，H^+ のモル濃度 $[H^+]$ と

$$pH = -\log_{10}[H^+] \iff 10^{-pH} = [H^+] \quad \cdots\cdots(1)$$

の関係にある。

一方，弱酸である酢酸のモル濃度を $C\,[mol/L]$，電離度を α とおくと，

$$CH_3COOH \rightleftharpoons CH_3COO^- + H^+$$

はじめ	C	0	0	$[mol/L]$
平衡時	$C(1-\alpha)$	$C\alpha$	$C\alpha$	$[mol/L]$

平衡時の（＝最終的な）H^+ のモル濃度 $[H^+]$ は，

$$[H^+] = C\alpha \quad \cdots\cdots(2)$$

と表せる。

0.038 mol/L 酢酸水溶液の場合，図より pH＝3.0 と読めるから，(1)式より，

$$1.0 \times 10^{-3} = [H^+] \quad \cdots\cdots(3)$$

一方，$C = 0.038\,[mol/L]$ なので，(2)式より，

$$[H^+] = 0.038\alpha \quad \cdots\cdots(4)$$

(3)，(4)式より，$\alpha \fallingdotseq 0.026$ 答

11 **a**：③ **b**：⑤

解説 ▶ **a** ① 0.2 mol/L の 1 価の酸が，もしも強酸だったとしたら，塩基を加える前（横軸 0）の pH は 1 を下回る（$[H^+] = 10^{-1}$ で pH＝1）。図より，実際の pH は 2 を上回っているので，この酸は一部しか電離しない弱酸だとわかる。<u>正しい</u>。

② 塩基の滴下量が 40 mL のとき，pH は約 12.6 と読めるが，このとき塩基の一部が酸によって中和されているから，溶液の pH は，加えた塩基の pH より小さく（＝塩基性が弱く）なっているはずである。したがって，加えた塩基の pH は，少なくとも 12.6 より大きく，約 13.0 とわかる。<u>正しい</u>。

③ 中和点は，pH が大きく変化する部分の中点付近なので，グラフから塩基寄り（pH 約 9 ）であることがわかる。<u>誤り</u>。

④ ③で述べたように，中和点は弱塩基性にある。したがって，弱塩基性で変色するフェノールフタレインを用いれば中和点を検出できる。<u>正しい</u>。

⑤ 中和点までに反応する塩基の量は，電離度（酸の強さ）には関係なく，出すことが可能な H^+ の量で決まる。0.2 mol/L の 1 価の強酸 10 mL が放出可能な H^+ の量は，

$$0.2 \times \frac{10}{1000} \times 1 = \frac{2}{1000} \text{〔mol〕}$$
〔mol/L〕　〔L〕　〔価〕

一方，0.1 mol/L の硫酸（2 価の強酸）10 mL が放出可能な H^+ の量は，

$$0.1 \times \frac{10}{1000} \times 2 = \frac{2}{1000} \text{〔mol〕}$$
〔mol/L〕　〔L〕　〔価〕

したがって，いまの酸をこの硫酸に置き換えても，中和に要する塩基の滴下量は変わらない。<u>正しい</u>。

b　選択肢の塩基はいずれも 1 価である。そのモル濃度 C〔mol/L〕を求めると，図より中和点までの反応量は 20 mL なので，

$$\underset{\substack{\text{〔mol/L〕　〔L〕　〔価〕}\\ \underline{\text{酸が放出可能な } H^+ \text{〔mol〕}}}}{0.2 \times \frac{10}{1000} \times 1} = \underset{\substack{\text{〔mol/L〕　〔L〕　〔価〕}\\ \underline{\text{塩基が放出可能な } OH^- \text{〔mol〕}}}}{C \times \frac{20}{1000} \times 1}$$

$$C = 0.1 \text{〔mol/L〕}$$

a の②で検討したとおり，滴下する前の塩基の pH は約 13 である。これは，水のイオン積より $[OH^-] = \dfrac{K_w}{[H^+]} = \dfrac{10^{-14}}{10^{-13}} = 10^{-1}$〔mol/L〕であり，ほぼ塩基の濃度と等しい（完全電離を意味する）。したがって，この塩基は 0.1 mol/L の 1 価の強塩基とわかる。選択肢に示された物質のうち，1 価の強塩基であるのは水酸化ナトリウムなので，当てはまる選択肢は⑤ 答

12 第1章　化学基礎分野とその関連分野

12 ③

解説▶　a　Cu の単体は酸化数 0，反応後の $CuSO_4$ の Cu 原子は，Cu^{2+} の状態にあるので酸化数 +2。酸化数が増大しているから自らは酸化されている。したがって，Cu は相手を還元する<u>還元剤</u>としてはたらいている。

b　$SnCl_2$ の Sn は酸化数 +2，反応後の Sn 単体は酸化数 0 で，Sn 原子は還元されている。したがって，$SnCl_2$ は相手を酸化する<u>酸化剤</u>としてはたらいている。

c　Br_2 の Br は酸化数 0，KBr の Br は酸化数 −1 なので，Br 原子は還元されている。したがって，Br_2 は<u>酸化剤</u>としてはたらいている。

d　化合物中の O 原子の酸化数は常に −2（過酸化物を除く），アルカリ金属の原子の酸化数は常に +1 である。したがって，$KMnO_4$ のうち酸化数が変化している原子は Mn 原子だと見通せる。$KMnO_4$ 中の Mn 原子は酸化数 +7，反応後の $MnSO_4$ 中の Mn 原子は酸化数 +2 なので，Mn 原子は還元されている。したがって，$KMnO_4$ は<u>酸化剤</u>としてはたらいている。

13 ②

解説▶　電子を含むイオン反応式（半反応式）より，$Cr_2O_7{}^{2-}$ は 6 価の酸化剤（電子 e^- を 6 個ずつ受け取る），$(COOH)_2$ は 2 価の還元剤（電子 e^- を 2 個ずつ放出する）であることがわかる。図より，$(COOH)_2$ 水溶液を 10.0 mL 加えたとき，ちょうど $Cr_2O_7{}^{2-}$ と $(COOH)_2$ が過不足なく反応しており，このとき両者とも「加えた量＝反応量」となり，計算ができる。もし横軸 10.0 mL 未満の値を使うと，$Cr_2O_7{}^{2-}$ が一部しか反応していないから，$Cr_2O_7{}^{2-}$ の全量（全濃度）を算出することができない。一方，横軸 10.0 mL 超のときの値を使うと，今度は $(COOH)_2$ のほうが一部しか反応しておらず，やはり $Cr_2O_7{}^{2-}$ の全量は算出できない。「物質量比＝係数比」の物質量比とは，加えた量ではなく反応した量だからである。

$K_2Cr_2O_7$ 水溶液の濃度を x〔mol/L〕とおくと，
$Cr_2O_7{}^{2-}$ が受け取る e^-〔mol〕＝$(COOH)_2$ が放出する e^-〔mol〕　より，

$$x \times \frac{5.00}{1000} \times 6 = 0.150 \times \frac{10.0}{1000} \times 2$$

〔mol/L〕　〔L〕　〔価〕　〔mol/L〕　〔L〕　〔価〕

$x = \mathbf{0.100}$〔mol/L〕　**答**

14 問1 ③ 問2 a：① b：④

解説 ▶ 問1 メタンの完全燃焼の反応式は以下のとおり。

$CH_4 + 2O_2 \longrightarrow CO_2 + 2H_2O$

同温・同圧ならば，（理想）気体の体積は物質量に比例し，「反応，生成する体積比（＝物質量比＝）係数比」が成立する。過不足なく反応するときの CH_4 の体積を x〔mL〕とおくと，

$CH_4 : O_2 = x : 240 = 1 : 2$
　　　　体積比　　係数比

$x = 120$〔mL〕

CH_4 の量がこれを下回ると，反応量が減るため発生する熱量も少なくなる。一方，CH_4 の量がこれを上回った場合，酸素が不足するために，超えた分の CH_4 は反応できずに残ってしまう。したがって，発生する熱量はもう増大しなくなる。

問2 反応物質に過不足がある場合は，反応式の下に物質量，またはそれに比例する値を整理するとよい。

(i)CH_4 が不足する場合と，(ii)O_2 が不足する場合とに分け，加える CH_4 の体積を a〔mL〕とおいて整理すると，

(i)　　　　　　$CH_4 + \quad 2O_2 \quad \longrightarrow \quad CO_2 + 2H_2O$

はじめ	a	240		0	0 〔mL〕
〈増減	$-a$	$-2a$		$+a$	$+2a$ 〔mL〕〉
反応後	0	$240-2a$		a	$2a$ 〔mL〕

　　　　　　　　気体合計 $y = 240-a$〔mL〕　　　⇓
　　　　　　　　　　　　　　　　　　　　　　　　凝縮

(ii)　　　　　　$CH_4 + \quad 2O_2 \quad \longrightarrow \quad CO_2 + 2H_2O$

はじめ	a	240		0	0 〔mL〕
〈増減	-120	-240		$+120$	$+240$ 〔mL〕〉
反応後	$a-120$	0		120	⇓ 〔mL〕

　　　　　　　気体合計 $y = a$〔mL〕　　　　凝縮

ここで $x = 240 + a$ から，$a = x - 240$ なので，x と y の関係式は，

(i)の場合：$y = 240 - (x - 240) = -x + 480$

(ii)の場合：$y = x - 240$

$a = 120$（$x = 360$）以下では(i)，120 以上では(ii)の関数に従う。CH_4 の体積 $a = 0$，120，300 の 3 点の数値は次のページのとおり。

a（CH₄体積）	x	y	
0	240	240	（(i)より）
120	360	120	（(i), (ii)より）
300	540	300	（(ii)より）

これをグラフにすると以下のようになる。

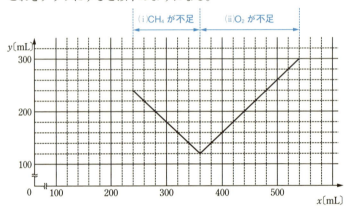

a　CH₄ が完全に消費されたから $x \leq 360 (a \leq 120)$ である。この範囲で $y=200$ になるときの x の値は，グラフから 280 mL と読める。$y=-x+480$ の式に $y=200$ を代入してもよい。

b　比の値は全体量に無関係なので，
O₂ 240 mL のときの上記のグラフより，O₂ が完全に消費される $x \geq 360$ の範囲で
$$\frac{y}{x}=\frac{100}{200}=0.50$$
の比になる点を探すと，$x=480$，$y=240$ のところだとわかる。このときはじめの CH₄ と O₂ は，
　CH₄：$480-240=240$〔mL〕　O₂：240〔mL〕
この体積比を保って，全体が 200 mL になるところまでスケールダウンすると，CH₄ 100 mL，O₂ 100 mL となる。よって，求める O₂ の体積は 100 mL　答

別解 ▶ ここでは O_2 の量もわからないので，CH_4 と O_2 の体積を各々 a, b〔mL〕とおいて整理し直す。

O_2 が完全に消費されるから，

$$CH_4 \ + 2O_2 \ \longrightarrow \ CO_2 + 2H_2O$$

はじめ	a	b	0	0　〔mL〕
変化量	$-\dfrac{b}{2}$	$-b$	$+\dfrac{b}{2}$	$+b$　〔mL〕
反応後	$a-\dfrac{b}{2}$	0	$\dfrac{b}{2}$	b　〔mL〕

⇓
凝縮

$\boxed{}$ より，$a+b=200$

$\boxed{}$ より，$a-\dfrac{b}{2}+\dfrac{b}{2}=100$

両式より，$a=100$, $b=100$　よって，求める O_2 の体積は **100 mL** 答

📎 この問題のねらい

　共通テストでは，グラフを作成し，それを利用して答える問題が出題されると予想される。ここでは，反応量を「物質量比＝係数比」で整理し，文字を使って関数化し，グラフを作成して状況を把握したのち思考する問題を取り上げた。化学は化学反応式を起点に思考する。反応にまつわる計算問題を解くときは，まず反応式を書いてから，それをもとに考えるくせを付けよう。

第1章 化学基礎分野とその関連分野

15 問1 ④　問2 ④　問3 ③　問4 ⑥　問5 ⑤

解説 ▶ **問1** 溶液Aで水酸化ナトリウムと反応するのは硝酸のみである。硝酸の物質量は純水を加えても変わらない。水酸化ナトリウム水溶液のモル濃度を x [mol/L] とおくと，中和点までの間に 50.0 mL 反応しているから，

$$0.20 \times \frac{25.0}{1000} \times 1 = x \times \frac{50.0}{1000} \times 1$$

　[mol/L]　[L]　[価]　　　　[mol/L]　[L]　[価]

　硝酸 HNO₃ が放出する　　　　水酸化ナトリウム NaOH
　H⁺ [mol]　　　　　　　　　が放出する OH⁻ [mol]

$x = 0.10$ [mol/L] **答**

問2 Na⁺ は，最初は溶液B中にない。滴下した NaOH の分だけ増していく。Na⁺ は沈殿に取り込まれることはないので，加えた NaOH と同物質量の Na⁺ が溶液中に存在する。V [mL] 滴下したときの物質量 n [mol] は，

$$n = 0.10 \times \frac{V}{1000} = 1.0 \times 10^{-4} V$$

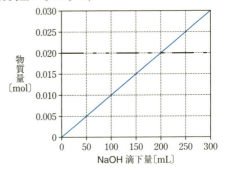

原点を通り，傾き 1.0×10^{-4} のグラフをかけば，交点における滴下量 V は <u>200 mL</u> とわかる (右図)。

また，交点は上式の n に，NO₃⁻ の物質量 0.020 mol を代入しても求めることができる。なお，硝酸イオンの物質量は，HNO₃ の物質量と，Al(NO₃)₃ の物質量の3倍との和に相当する。

問3 矢印Ⅰの状態とは，問2で答えた溶液中の Na⁺ と NO₃⁻ が同物質量になったところである。このとき，以下の(1)式と(2)式の反応が完結している。Al³⁺ は Al(OH)₃ の白色沈殿になっている。わずかな Al(OH)₃ の溶解を無視すれば，溶液中に溶けているのは，無色の NaNO₃ のみである。

滴下量 50 mL までに起こる反応：

　　HNO₃ + NaOH ⟶ NaNO₃ + H₂O　……(1)

さらに 200 mL までの間に起こる反応：

　　Al(NO₃)₃ + 3NaOH ⟶ Al(OH)₃↓ + 3NaNO₃　……(2)

次に，沈殿の質量を求める。(2)式より，はじめの Al(NO₃)₃ と同物質量の Al(OH)₃ が生じているから，

$$0.20 \times \frac{25.0}{1000} \times 78 = 0.39 \text{ [g]}$$

　[mol/L]　[L]　[g/mol]

よって，当てはまる選択肢は ③ **答**

問4 200 mL 滴下の時点で溶液には $NaNO_3$ が溶け，$Al(OH)_3$ が沈殿している。ここからさらに $NaOH$ を加えていくと，

$$Al(OH)_3 + NaOH \longrightarrow Na[Al(OH)_4] \quad \cdots\cdots(3)$$

の反応が起こる。この反応は，$NaOH$ を $Al(OH)_3$ と同物質量（＝50 mL 分）加える滴下量 250 mL の時点まで起こる。それ以降は何の反応も起こらないので，300 mL 滴下したときには，加えた $NaOH$ の一部（50 mL）が残っている。よって，当てはまる選択肢は ⑥ **答**

一般に滴定曲線で pH が急激に変化している点では，酸と塩基との反応が過不足なく行われている。溶液Bにはこの点が3か所ある。50 mL では(1)，200 mL では(2)，250 mL では(3)の反応が完結している。

問5 ① 純水や水溶液の密度がすべて同じと断ってあるので，混合後の体積は，単に混合前の体積の和になる。したがって，溶液A，溶液Bとも 350 mL になっており等しい。誤り。

② 水のイオン積 $K_w=[H^+][OH^-]$ の K_w 値は，温度一定なら定数である。したがって，$[OH^-]$（水酸化物イオンのモル濃度）が同じで $[H^+]$（水素イオンのモル濃度）が違うことはあり得ない。誤り。

③ 強酸と強塩基からなる塩である $NaNO_3$ は，溶液の pH に全く影響を及ぼさない。一方，溶液Bにおいて，滴下量が 250 mL のときの pH 約 10 は，$Na[Al(OH)_4]$ の加水分解による値である。しかし，強塩基の $NaOH$ が存在する 300 mL のときの溶液では，OH^- 濃度の増大によって $Na[Al(OH)_4]$ の加水分解は抑えられ，その影響は無視できる。誤り。

④ ③と同様，300 mL を滴下したときに NO_3^- はすべて $NaNO_3$ になっており，pH に全く影響を及ぼさない。誤り。

⑤ 溶液Aでは HNO_3 としか反応しなかった $NaOH$ が，溶液Bでは HNO_3 のほかに $Al(NO_3)_3$，そしていったん生成した $Al(OH)_3$ とさらに反応している。したがって，300 mL を滴下したときに未反応で残っている $NaOH$ の量は，溶液Bのほうが少ない。正しい。

📎 この問題のねらい

与えられたグラフを読み取って答える問題は，かつてのセンター試験でも頻繁に出題されてきた。ここでは，中和滴定を題材に，少し複雑な滴定曲線を条件設定に照らして読み解く問題を取り上げている。中和反応，中和の計算，塩の加水分解，アルミニウム化合物の性質の各知識，解法を組み合わせて解く応用問題である。反応式を書きながら状況を把握し解き進みたい。化学のオーソドックスな思考の手続きを複雑な事象に当てはめていく力が求められる。

18　第1章　化学基礎分野とその関連分野

16　問1　④　　問2　ア：③　イ：⑥　ウ：①
　　　問3　エ：⑤　オ：⑧　カ：⓪

解説 ▶　問1　$\underline{C_2O_4^{2-}}$ について，C原子の酸化数を x とおくと

　　　$2x+(-2)\times4=-2$　　　$x=+3$

$\underline{CO_2}$ について，C原子の酸化数を y とおくと，

　　　$y+(-2)\times2=0$　　　$y=+4$

よって，C原子の酸化数は1だけ増加している。

問2　**操作1**では，過マンガン酸カリウムが2通りの消費のされ方をする。①有機化合物に対して酸化剤として反応する分（n〔mol〕）と，②加熱によって分解する分（x〔mol〕）である。**操作2**では，加えられたシュウ酸ナトリウム $Na_2C_2O_4$ によって $KMnO_4$（n_2〔mol〕）がすべて消費され，$Na_2C_2O_4$ が残る。**操作3**では，残った $Na_2C_2O_4$ と，新たに加えた $KMnO_4$ とが過不足なく反応し，結局 $Na_2C_2O_4$ はすべて $KMnO_4$（試料水では n_3〔mol〕，純水では n_4〔mol〕）と反応している。

　　操作3までを通して，加えた過マンガン酸カリウム $KMnO_4$ の量と，消費された $KMnO_4$ の量を整理すると，以下の表のようになる。

　ア　：有機化合物を含む試料水を滴定するとき

	加えた $KMnO_4$〔mol〕	消費された $KMnO_4$ の量〔mol〕
はじめに加えた $KMnO_4$	n_1	
有機化合物と反応		n
加熱による分解		x
$Na_2C_2O_4$ と反応		n_2
最後に加えた $KMnO_4$	n_3	

合計値が合う
⇨　$n_1+n_3=n+n_2+x$　……(1)

よって，当てはまる式は③ **答**

　イ　：有機化合物を含まない純水を滴定するとき（対照実験）

	加えた $KMnO_4$〔mol〕	消費された $KMnO_4$ の量〔mol〕
はじめに加えた $KMnO_4$	n_1	
有機化合物と反応		なし
加熱による分解		x
$Na_2C_2O_4$ と反応		n_2
最後に加えた $KMnO_4$	n_4	

合計値が合う
⇨　$n_1+n_4=n_2+x$　……(2)

よって，当てはまる式は⑥ **答**

ウ ：(1)式−(2)式より，

$n_3 - n_4 = n$

よって，当てはまる式は①

問3 エ ：それぞれの電子を含むイオン反応式から，$KMnO_4$ は5倍の物質量の e^- を，O_2 は4倍の物質量の e^- を奪うとわかる。

$KMnO_4$ 4 mol が奪うのと同量の e^- を奪う O_2 の物質量を x〔mol〕とおくと，

$$\underset{\substack{KMnO_4 \text{が奪う} \\ e^- \text{〔mol〕}}}{\underline{4 \times 5}} = \underset{\substack{KMnO_4 \text{の代わりに } O_2 \text{が奪う} \\ e^- \text{〔mol〕}}}{\underline{x \times 4}}$$

$x = 5$〔mol〕

オ ・ カ ：$n = 2.0 \times 10^{-5}$〔mol〕は，試料水 100 mL あたりの量であることに注意。まず**試料水 1 L あたりに換算**し，さらに O_2 の物質量に換算すると，

$$2.0 \times 10^{-5} \times \underset{\substack{1 \text{ L に反応する } KMnO_4 \\ \text{〔mol〕}}}{\underline{\frac{1000}{100}}} \times \underset{\substack{\text{同 } O_2 \text{〔mol〕}}}{\underline{\frac{5}{4}}} = 2.5 \times 10^{-4}\text{〔mol〕}$$

これを質量〔mg〕に換算すると，

$$\underset{\substack{O_2 \text{〔mol〕}}}{\underline{2.5 \times 10^{-4}}} \times \underset{\substack{\text{同〔g〕}}}{\underline{32}} \times \underset{\substack{\text{同〔mg〕}}}{\underline{10^3}} = 8.0\text{〔mg〕}$$

よって，求める COD の値は，8.0〔mg/L〕

この問題のねらい

　かつてのセンター試験における滴定の問題は，グラフを読む力や反応式を書く力を見る問題が多かった。しかし，この共通テスト試行調査の問題は，滴定の操作そのものが複雑な，COD（化学的酸素要求量）の問題を取り上げている。COD の解法を知っているかどうかではなく，むしろ問題文から解き方を正確に読み取れるかどうかが試される。各問いは独立に解けるよう配慮されているので，問2がわからなくても，問1と問3はものにしたい。

第2章 物質の状態と変化

17 ③

解説 ③ 蒸気圧が一定（飽和状態）になったとき，蒸発と凝縮が同じ速度で起こり，**気液平衡**（蒸発平衡）の状態となっている。飛び出した分子も，やがて液体に戻り，その分，新しい分子が液体表面から飛び出す。

18 ③

解説 混合後の各分圧を算出した後，足し合わせて全圧を算出する。**分圧は，他の気体が存在しないものと仮定したときの圧力**である。まずヘリウム He の分圧を求めるために，アルゴン Ar の存在を無視して考える。混合前後の P, V, n, T 値を整理すると以下の表のようになる。

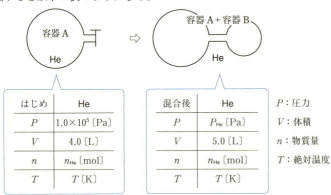

He は混合前後で n, T 一定であり，以下のように**ボイルの法則**で解けることがわかる。

$$\frac{P_1 V_1}{n_1 T_1} = \frac{P_2 V_2}{n_2 T_2} (=R) \Rightarrow P_1 V_1 = P_2 V_2 \text{ より,}$$

$1.0 \times 10^5 \times 4.0 = P_{He} \times 5.0 \qquad P_{He} = 8.0 \times 10^4 \text{ [Pa]}$

アルゴン分圧についても同様に算出すると，

$5.0 \times 10^5 \times 1.0 = P_{Ar} \times 5.0 \qquad P_{Ar} = 1.0 \times 10^5 \text{ [Pa]}$

よって全圧は，

$8.0 \times 10^4 + 1.0 \times 10^5 = \underline{1.8 \times 10^5 \text{ [Pa]}}$ 答

19 ③

解説 ▶ 液面差が生じるのは，両液面にかかる気体の圧力が異なるからである。高圧がかかる液面のほうが下に押し下げられ，低圧側は押し上げられる。押し上げられた分の液体（今は水銀）は，重力によって下向きの圧力を生じる。この圧力が，反対側の液面に余分にかかっている気体の圧力と一致する。

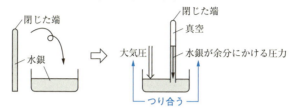

① 上記より，ガラス管を上下させても液面にかかる圧力の差（＝大気圧）は変わらず，水銀の液面差（水銀柱の高さ）も変わらない。したがって，押し下げた分だけ上部空間（真空）の体積は減少する。正しい。

② 水銀柱の上部空間にメタノールの蒸気が生じ，液面にかかる圧力の差は減少する。したがって水銀柱は低くなる。正しい。

③ 大気圧が下がると，液面にかかる圧力の差は減少し，水銀柱は低くなる。この分，上部空間の体積は増大する。誤り。

④⑤ 「大気圧が $1.013×10^5$ Pa（＝760mmHg）」という文章の意味は，「両液面にかかる圧力差が大気圧と同じ $1.013×10^5$ Pa であるとき，水銀柱の高さは760 mm になる」という意味である。外部の水銀面よりも 760 mm 高いところまでガラス管を持ち上げるところまでは，管の上部に空間は生じない。ここからさらに持ち上げると，初めて空間（真空部分）が生じ，以降はどれだけ持ち上げても水銀柱の高さは変わらず，上部空間だけが増していく。したがって，700 mm のガラス管では空間は生じないが，1200 mm のガラス管（うち 50 mm は水銀の中に没している）であれば空間が生じ，水銀柱の高さは一定となる。正しい。

20 ⑥

解説 ▶ ア ：沸点とは，飽和蒸気圧が外圧に一致する温度である。縦軸を 40 kPa に固定すると，飽和蒸気圧が 40 kPa となる温度が高い方から，酢酸（90 ℃），水（76 ℃），エタノール（56 ℃），酢酸エチル（51 ℃）と読める。

イ ：横軸 70 ℃ での酢酸エチルの飽和蒸気圧を縦軸から読むと，80 kPa である。酢酸エチルは 80 kPa のもとでは 70 ℃ で沸騰する。

ウ ：横軸 90 ℃ での水の飽和蒸気圧は 70 kPa と読める。水は 90 ℃ でも圧力を 70 kPa まで下げれば沸騰する。高地で沸点が下がるのは，大気圧が低いからである。
以上のことから，当てはまる組合せは ⑥ 答

22　第2章　物質の状態と変化

21　②

> **POINT**
>
> 飽和蒸気圧を考慮する圧力の計算問題は，以下の手順で解いていく。
> 手順1　全部気体と仮定して圧力 (P) を算出する
> 手順2　飽和蒸気圧 (P_S) と比較する
> ①　$P_S \geqq P$ ⇒ 本当に全部気体 ⇒ 圧力＝P
> ②　$P_S < P$ ⇒ P_S を超えた分は凝縮 ⇒ 圧力＝P_S

解説 ▶　40℃ と 60℃ で全部気体と仮定した圧力を各々 P_{40}, P_{60} とおくと，それぞれ以下の条件となる。

	40℃ 全部気体		60℃ 全部気体
P	P_{40} 〔Pa〕	P	P_{60} 〔Pa〕
V	1.0 L	V	1.0 L
n	全部で 0.010 mol	n	全部で 0.010 mol
T	40℃ (313 K)	T	60℃ (333 K)

・40℃ について

手順1　P_{40} を求める。$PV = nRT$ より，

$P_{40} \times 1.0 = 0.010 \times 8.3 \times 10^3 \times 313$

$P_{40} = 2.59 \times 10^4$ 〔Pa〕

手順2　飽和蒸気圧は図より 約 1.8×10^4 Pa だから，

$P_S (1.8 \times 10^4 \text{ Pa}) < P_{40} (2.59 \times 10^4 \text{ Pa})$

となり，1.8×10^4 Pa を上回る 0.79×10^4 Pa 分が凝縮してしまう。上記の POINT ② のパターンである。

結局，40℃ の圧力は <u>1.8×10^4 Pa</u> となる。

・60℃について

手順1　P_{60} を求める。上表より，40℃の全部気体のときと比べれば V, n 一定なので，

$(R=)\dfrac{P_1 V_1}{n_1 T_1} = \dfrac{P_2 V_2}{n_2 T_2}$ ⇨ $\dfrac{P_1}{T_1} = \dfrac{P_2}{T_2}$ で解ける。

$\dfrac{2.59 \times 10^4}{313} = \dfrac{P_{60}}{333}$　　$P_{60} = 2.75 \times 10^4$ 〔Pa〕

手順2　図より 60℃ の飽和蒸気圧は 4.5×10^4 Pa と読めるので，

$P_S (4.5 \times 10^4 \text{ Pa}) > P_{60} (2.75 \times 10^4 \text{ Pa})$

となり，2.75×10^4 Pa 分全部気体になれる。上記の POINT ①のパターンである。

結局，60℃ の圧力は $2.75 \times 10^4 \fallingdotseq \underline{2.8 \times 10^4 \text{ Pa}}$ となる。

以上のことから，正しい選択肢は②**答**

22 ⑤

解説 ▶ 57℃ と 27℃ の条件を整理する。問題文から，物質Aは57℃で全部気体，27℃では一部凝縮しているとわかる。

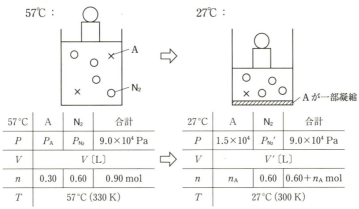

57℃	A	N₂	合計
P	P_A	P_{N_2}	9.0×10^4 Pa
V		V 〔L〕	
n	0.30	0.60	0.90 mol
T		57℃ (330 K)	

⇒

27℃	A	N₂	合計
P	1.5×10^4	P_{N_2}'	9.0×10^4 Pa
V		V' 〔L〕	
n	n_A	0.60	$0.60 + n_A$ mol
T		27℃ (300 K)	

上記の n_A とは，実際に気体になっているAの物質量である。求めるのは気体中のN₂のモル分率 x_{N_2} で，以下の式で求められる。

$$\frac{N_2}{気体全体} = \underbrace{\frac{P_{N_2}'}{9.0 \times 10^4}}_{圧力の比} = \underbrace{\frac{0.60}{0.60 + n_A}}_{物質量比} = x_{N_2}$$

P_{N_2}' さえ算出できれば，x_{N_2} も算出できる。27℃の気体Aは一部凝縮しており，圧力は飽和蒸気圧の 1.5×10^4 Pa になっているから，N₂分圧 P_{N_2}' は，

$$\underbrace{1.5 \times 10^4 + P_{N_2}'}_{分圧の和} = \underbrace{9.0 \times 10^4}_{全圧}$$

$P_{N_2}' = 7.5 \times 10^4$ 〔Pa〕

これより x_{N_2} を求めると，

$$x_{N_2} = \frac{7.5 \times 10^4}{9.0 \times 10^4} = 0.833 ≒ \mathbf{0.83}　答$$

24 第2章　物質の状態と変化

23 ④

解説 ▶ 実在気体には分子自身に体積があり，分子間力がはたらく。この2つは，**低圧**（分子自身の体積の割合が小さく，分子間力の影響も小さい）または**高温**（分子の熱運動が激しくなり，分子間力の影響が小さい）の条件で無視できるようになり，実在気体を理想気体とみなせるようになる。

① ボイルの法則 $PV=k$ のことを言っている。<u>正しい。</u>

② n と V が一定なら，$PV=nRT$ より $\dfrac{P}{T}=k$ となる。圧力は絶対温度を下げると単調に低下する。<u>正しい。</u>

③ 理想気体は，分子自身に体積がなく，分子間力もはたらかないと仮定した気体である。<u>正しい。</u>

④ 上記より，温度が高いほど理想気体に近づく。<u>誤り。</u>

⑤ 実在気体の分子どうしが分子間力によって引き合うと，同条件の理想気体よりも気体の占める体積が小さくなる。<u>正しい。</u>

24 ③

解説 ▶ 図の縦軸にとっている $\dfrac{PV}{nRT}$ という値は，理想気体と同じ P，n，T の条件で，V がどう変わるかを表している。理想気体では $\dfrac{PV}{nRT}=1$ が成り立つので，たとえば $\dfrac{PV}{nRT}=0.95$ であれば，同条件の理想気体と比べて体積が 0.95 倍に減少しているという意味である。これは，<u>体積を小さくしようとする分子間力の影響のほうが，体積を大きくしようとする分子自身の体積の影響よりも大きい</u>ことによる。図のメタンがこの状態にある。

一方，図のヘリウムは，$\dfrac{PV}{nRT}$ 値が1より大きい。これは，同条件の理想気体よりも大きな体積を占めているという意味であり，<u>体積を小さくしようとする分子間力の影響よりも，体積を大きくしようとする分子自身の体積の影響のほうが大きく表れる</u>ことによる。

以上のことから，　ア　：分子自身の体積，　イ　：分子間力 🔵

25 ⑤

解説 ▶ 図より，温度 T_H では，水 $100\,\mathrm{g}$ にAは $100\,\mathrm{g}$ しか溶けない。加えた $140\,\mathrm{g}$ のAのうち $40\,\mathrm{g}$ は溶けずに析出しており，ろ過で取り除かれる。一方，Bの溶解度は 40 なので，加えた $20\,\mathrm{g}$ は全部溶ける。

温度を T_L まで下げると，Aの溶解度は 30 まで下がるので，溶けた $100\,\mathrm{g}$ のうち $70\,\mathrm{g}$ は析出する。

一方，Bの溶解度は 35 までしか下がらないので，$20\,\mathrm{g}$ のBは全部溶けたままである。

したがって，Aの析出量：$70\,\mathrm{g}$，Bの析出量：$0\,\mathrm{g}$ である。

26 ②

解説 ▶ ヘンリーの法則を用いた気体の溶解度の計算である。気体の溶解量 $[\mathrm{mol}]$ は，その気体の圧力 (混合気体の場合は分圧) と，溶媒量とに比例する。$0\,℃$，$1.0×10^5\,\mathrm{Pa}$ における気体のモル体積を $V\,[\mathrm{mL/mol}]$ とおくと，

$$\underbrace{\frac{9.7}{V}}_{\substack{\text{水 1 L に，}\\ \text{分圧 }10^5\,\mathrm{Pa}\text{ で接したとき}\\ \text{溶ける He 量 [mol]}}} \times \underbrace{\frac{\dfrac{4}{5}×10^5}{10^5}}_{\substack{\text{水 1 L に，}\\ \text{分圧 }\frac{4}{5}×10^5\,\mathrm{Pa}\text{ で接したとき}\\ \text{溶ける He 量 [mol]}}} \times \ V = 7.76 ≒ \mathbf{7.8}\,[\mathbf{mL}] \ \text{答}$$

> **POINT**
>
> $$\text{気体の溶解量 }[\mathrm{mol}] = \overset{\text{mol 換算した}}{\underset{\text{溶解度 }[\mathrm{mol}]}{}} \times \boxed{\frac{\text{分圧 }[\mathrm{Pa}]}{10^5}} \times \boxed{\frac{\text{溶媒量 }[\mathrm{L}]}{1}}$$
>
> 「溶解度の条件」と比べて何倍の数値になっているか
>
> 溶解量 $[\mathrm{mol}]$ にモル体積 $[\mathrm{mL/mol}]$ をかければ，溶解する気体の体積 $[\mathrm{mL}]$ になる。

26 第2章 物質の状態と変化

---

27 ②

解説 ▶ まず，溶媒の体積を質量に換算すると，

$$\boxed{\begin{array}{c} \boxed{\text{g}} \\ \uparrow \times 密度〔\text{g/cm}^3〕\,\textcircled{d} \\ \boxed{\text{cm}^3 = \text{mL}}\,\textcircled{10} \end{array}} \quad \begin{array}{ccc} 10 & \times & d & =10d \\ 〔\text{mL}〕 & & 〔\text{g/cm}^3〕 & 〔\text{g}〕 \end{array}$$

続いて，この溶液の質量モル濃度〔mol/kg〕を求めると，

$$\boxed{\begin{array}{c} \boxed{溶質の質量〔\text{g}〕}\,\textcircled{x} \\ \downarrow \div モル質量〔\text{g/mol}〕\,\textcircled{M} \\ \boxed{溶質の物質量〔\text{mol}〕} \\ \downarrow \div 溶媒の質量〔\text{kg}〕\,\boxed{\frac{10d}{1000}} \\ \boxed{質量モル濃度〔\text{mol/kg}〕}\,\boxed{m\,とおく} \end{array}} \quad m = \frac{x}{M} \times \frac{1000}{10d}$$
$$\qquad\qquad\qquad 〔\text{mol}〕\quad〔\text{/kg}〕$$

沸点上昇の式は以下のとおり。

$$\boxed{\begin{array}{ccccc} \varDelta t_{\mathrm{b}} & = & K_{\mathrm{b}} & \times & m \\ 沸点上昇度 & & モル沸点上昇 & & 質量モル濃度 \\ & & & & 〔\text{mol/kg}〕 \end{array}}$$

この式に代入すると，

$$\varDelta t = K_{\mathrm{b}} \times \frac{x}{M} \times \frac{1000}{10d}$$

よって，$d = \dfrac{100xK_{\mathrm{b}}}{M\varDelta t}$ 答

---

28 ①

解説 ▶ ① 溶媒は，半透膜を通過して高濃度側に移動する。体積が増加するのはスクロース水溶液のほうである。誤り。

② 浸透圧は，モル濃度の小さい溶液でも測定が可能なので，高分子化合物の分子量測定に用いられる。正しい。

③⑤ 一般に浸透圧は，モル濃度と絶対温度とに比例する。正しい。

④ 浸透圧，凝固点降下，沸点上昇の計算では，溶質の濃度として，**電離した後のイオンの総濃度**を用いる。同じモル濃度であれば，非電解質のスクロースよりも，$NaCl \longrightarrow Na^+ + Cl^-$ のように電離して2倍の溶質粒子に増える塩化ナトリウムのほうが，浸透圧は高い。正しい。

29 ⑤

解説 ▶ ① 疎水コロイドは，粒子表面の電荷どうしが反発することによって溶液中に分散している。少量の電解質を加えると，反対符号のイオンがコロイド粒子に結び付いて電荷を打ち消す。このためコロイド粒子どうしは反発しなくなり，凝集(集合)して大きな粒子となり沈殿する。この現象を凝析という。<u>正しい</u>。
② コロイド粒子が光を散乱することによって起こる現象である。<u>正しい</u>。
③ コロイドと反対符号の極に向かって移動する。<u>正しい</u>。
④ コロイド粒子はセロハン膜などの半透膜を通過できない。この性質を利用してコロイドを精製する操作を透析という。<u>正しい</u>。
⑤ 流動性のないコロイドはゲルという。<u>ゾルとは流動性のあるコロイド</u>。<u>誤り</u>。

30 ③

解説 ▶ a, b, c, dを結ぶ面上に位置する原子は，下図の●で中心位置を示した6個である。なお，×で中心位置を示した原子4個は，abcd面で切断しても球の内部が切断されることはない。

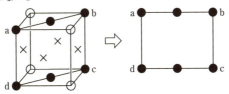

よって，正しい選択肢は③ **答**

31 ①

解説 ▶ 立方体の中心を通る体対角線は，原子半径 r の4倍であり，単位格子一辺の長さ a の $\sqrt{3}$ 倍でもある。したがって，$\sqrt{3}\,a=4r \iff a=\dfrac{4}{\sqrt{3}}r=\dfrac{4\sqrt{3}}{3}r$ **答**

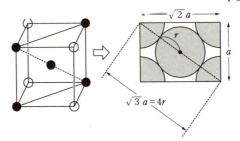

32 ③

解説 ▶ この単位格子には，K⁺ が 4 個 $\left(\frac{1}{4} \times 12 + 1 = 4\right)$，Cl⁻ が 4 個 $\left(\frac{1}{8} \times 8 + \frac{1}{2} \times 6 = 4\right)$ 含まれる（＝KCl 4 組）。

したがって，単位格子の質量は以下の計算で求められる。

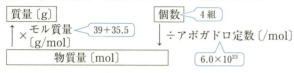

単位格子の質量：$\dfrac{4}{6.0 \times 10^{23}} \times (39 + 35.5)$ 〔g〕 ……(1)

一方，単位格子の質量は，体積と密度からも以下のように算出できる。密度を d 〔g/cm³〕とおくと，

質量〔g〕
↑ ×密度 d 〔g/cm³〕
体積〔cm³〕 2.5×10^{-22}

単位格子の質量：$2.5 \times 10^{-22} d$ 〔g〕 ……(2)

(1)と(2)は等しいので，等式で結ぶと，

$$\dfrac{4}{6.0 \times 10^{23}} \times (39 + 35.5) = 2.5 \times 10^{-22} d$$

$d = 1.98 \fallingdotseq 2.0$ 〔g/cm³〕 **答**

33 ③

解説 ▶ ③ 右図のように，発熱反応とは，反応物のもつ（化学）エネルギーよりも生成物のもつエネルギーが小さく，その差のエネルギーが熱や光，電気などの形で放出される反応である。

活性化エネルギーとは，反応物または生成物と，活性化エネルギーとのエネルギー差である。発熱反応の場合，逆反応の活性化エネルギーは正反応より大きい。誤り。

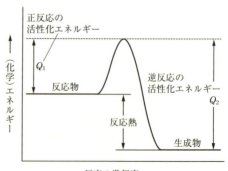

④ 反応熱と生成熱の間には，
 (反応熱)＝(生成物の生成熱の総和)−(反応物の生成熱の総和)
という関係が成り立つ。

 吸熱反応の場合，右図のように，反応物の生成物の総和は生成物の生成熱の総和より大きい。正しい。

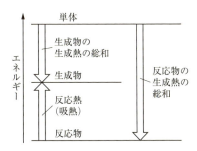

34 ②

解説 ▶ 与えられた熱化学方程式を加減して，目的の熱化学方程式をつくる。

C(黒鉛) ＝ C(気) ＋ Q kJ ……(1)
C(黒鉛) ＋ O₂(気) ＝ CO₂(気) ＋ 394 kJ ……(2)
O₂(気) ＝ 2O(気) − 498 kJ ……(3)
CO₂(気) ＝ C(気) ＋ 2O(気) − 1608 kJ ……(4)

ここでは，目的の(1)式に含まれる C(黒鉛) と C(気) をそれぞれ(2)式と(4)式で用意し，不要な O₂(気) と 2O(気) を(3)式で消去する。

```
 │C(黒鉛)│ ＋ O₂(気) ＝ CO₂(気) ＋ 394 kJ       (2)式
   CO₂(気) ＝ │C(気)│ ＋ 2O(気) − 1608 kJ      ＋(4)式
＋) 2O(気) − 498 kJ ＝ O₂(気)                   −(3)式
 │C(黒鉛)│ ＝ │C(気)│ ＋ (394−1608＋498) kJ    ＝(1)式
```

Q＝394−1608＋498＝−716〔kJ〕 答

別解 ▶ 物質のもつエネルギーはおおよそ次の図のような上下関係になる(単体と化合物は，まれに上下が逆転する場合がある)。このテンプレート(型)に目的の(1)式を当てはめ，別経路を作成して解く。当てはめるときは，矢印を反応物から生成物の方向に引き，発熱なら＋，吸熱なら−の符号をつける。ここでは与えられた熱化学方程式から，燃焼生成物の CO₂ を経由すればよいとわかる。

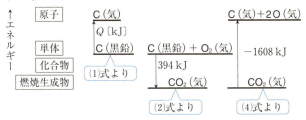

(1)式のエネルギー図の上下段に「O_2(気)」を足すと，(2)式のエネルギー図とつなぐことができる。さらに(4)式の図をつなぎ，最後に(3)式の反応熱を使えば，スタートとゴールが同じである2つの経路（下図Ⅰ・Ⅱ）が完成する。

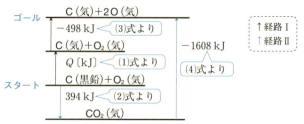

ヘスの法則より，途中の経路に関係なく総熱量は一定なので，
$Q - 498 = 394 - 1608$
$Q = -716$ 〔kJ〕 答

上図のように，矢印方向に進行したときの反応熱を使って解けば，たとえ上下関係が違っていても，正確に算出できる。また，矢印方向を逆にしたければ，符号を逆にすればよい（右図）。

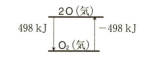

35 ⑤

解説 ▶ 水が温度上昇するときに吸収する熱量（＝吸熱量 Q_1〔J〕）は，比熱を用いて以下のように求める。

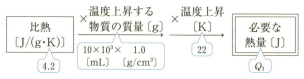

$Q_1 = 4.2 \times 10 \times 10^3 \times 1.0 \times 22$ 〔J〕

この熱量は，プロパン x〔g〕の燃焼によって補う。反応熱と反応量から，補う熱量（＝発熱量）を以下のように算出する。

反応熱〔kJ/mol〕 2200 ×反応量〔mol〕 $\dfrac{x}{22.4}$ → 発熱量〔kJ〕 ×10³ → 発熱量〔J〕 Q_2

$Q_2 = 2200 \times \dfrac{x}{22.4} \times 10^3$ 〔J〕

発生した熱がすべて温度上昇に使われたのだから，$Q_1 = Q_2$ である。

$4.2 \times 10 \times 10^3 \times 1.0 \times 22 = 2200 \times \dfrac{x}{22.4} \times 10^3$

$x = 9.4$ 〔L〕 答

36 ④

解説 ▶ 結合エネルギーとは，共有結合1 mol 分を切断して原子にするときの吸熱量であり，原子から共有結合1 mol 分をつくるときの発熱量と言い換えることができる。また，生成熱とは，化合物1 mol が単体から生成するときの熱量（多くは発熱，まれに吸熱）である。したがって，NH_3 と，それをつくるために必要な単体（N_2 と H_2）と原子（N と H）とを結んでエネルギー図をつくる。ここでは，N–H の結合エネルギーを Q [kJ] とする。なお，求める熱量は，N–H 結合エネルギーの3倍に相当する。

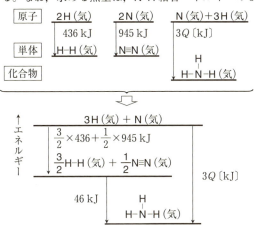

$\dfrac{3}{2} \times 436 + \dfrac{1}{2} \times 945 + 46 = 3Q$

$3Q = 1172.5$ [kJ]

この値に最も近い選択肢は ④ 答

37 a：④ b：②

解説 ▶ a ダニエル電池の各極で起こる反応は以下のとおり。

負極　$Zn \longrightarrow Zn^{2+} + 2e^-$

正極　$Cu^{2+} + 2e^- \longrightarrow Cu$

上式より，Zn 板が 1.0×10^{-3} mol 溶解して質量減少すれば，電子 e^- は 2.0×10^{-3} mol 流れ，Cu 板上に Cu が 1.0×10^{-3} mol 析出することがわかる。電子の物質量を電気量に換算すると，

$\underset{[mol]}{2.0 \times 10^{-3}} \times \underset{[C/mol]}{9.65 \times 10^4} = \underline{193}$ [C]

Zn 板は $1.0 \times 10^{-3} \times 65 \times 10^3 = 65$ [mg] 質量減少する。

b ① 前のページの a で示した反応式より，放電によって，Cu^{2+} が消費され，銅板側の溶液の Cu^{2+} 濃度が減少するから，その色（青色）は薄くなる。正しい。
② 水素は銅よりもイオン化傾向が大きく単体になりにくい。イオンから単体に変わるのは銅だけである。誤り。
③ **素焼き板は，溶液の混合を防ぎながらも必要な分のイオンを通し，電気を通す役割がある。**電子 e^- が 2 mol 流れたときは，Zn^{2+} が正極側へ，SO_4^{2-} が負極側へ，それぞれ 1 mol 分ずつ移動することにより，電解液を電気的中性に保っている。イオンを通さない白金板で仕切ってしまうと，イオンが移動しないので電子も移動せず，電流は流れなくなる。正しい。
④ 正極側の Cu^{2+} の濃度を高めると，反応物質の量が増したことから長時間反応が続くようになる。このため電球はより長く点灯する。正しい。
⑤ ダニエル電池の起電力は，④で述べた濃度の要因と，イオン化傾向の差とで決まる。負極板を Zn よりもさらにイオン化傾向の大きな Mg で置き換えれば，もっと起電力の大きな電池となり，電球はさらに明るく点灯する。正しい。

38 ④

解説 ▶ 鉛蓄電池が**放電するときの反応**は，以下の反応式で表される。

負極　$Pb + SO_4^{2-} \longrightarrow PbSO_4 + 2e^-$
+）正極　$PbO_2 + 4H^+ + 2e^- + SO_4^{2-} \longrightarrow PbSO_4 + 2H_2O$
全体　$Pb + PbO_2 + 2H_2SO_4 \longrightarrow 2PbSO_4 + 2H_2O$

充電は，上記の放電の逆反応である。逆向きに反応させるために，外部電源と同符号で接続し，放電のときと逆の向きに電子 e^- を流す（下図）。

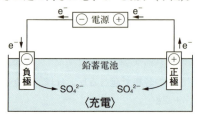

外部電源の負極に接続する電極Aとは，鉛蓄電池の負極である。上式より，充電時に負極に電子 e^- が 2 mol 流れ込むと，$PbSO_4$ 1 mol が Pb 1 mol に変化し，電極の質量は SO_4^{2-} 1 mol 分だけ軽くなる。一方，このとき正極からも SO_4^{2-} 1 mol が溶出し，電解液には計 2 mol の SO_4^{2-} が溶出することになる。

よって，電極A（負極）の質量減少と，電解液中の SO_4^{2-} の質量増加との比は 1：2 となる。この条件に当てはまるグラフは④　答

39 ⑥

解説 ▶ 燃料電池が放電するとき，両電極で起こる反応は以下のとおり。

負極：$H_2 \longrightarrow 2H^+ + 2e^-$
正極：$O_2 + 4H^+ + 4e^- \longrightarrow 2H_2O$

負極で H_2 が 1 mol 消費されると，電子 e^- が 2 mol 流れることがわかる。一方，銅電極 A，B で起こる反応は以下のとおり。

銅電極A：$Cu \longrightarrow Cu^{2+} + 2e^-$
銅電極B：$Cu^{2+} + 2e^- \longrightarrow Cu$

電源の正極につながれた電極Aは電気分解の⊕極（陽極）で，e^- を放出する反応が起こる。電極Bは⊖極（陰極）で，e^- を受け取る反応が起こる。e^- が 2 mol 流れたとき，⊕極の Cu は 1 mol 溶解し，電極Aの質量は減少する。

| 燃料電池（負極）
H_2 1 mol（22.4 L）反応 | ⇨ | e^- 2 mol
の流れ | ⇨ | 銅電極A（陽極）
Cu 1 mol（64 g）溶解 |

水素を 1 mol 消費したとき，銅電極Aの質量が 64 g 減少するグラフは ⑥ **答**

このように，電気分解とは外部電源から電流を送り込むことにより，酸化還元反応を引き起こすことである。 **38** のような二次電池の充電も，電気分解の 1 つである。
電気分解では，⊕極（陽極）で e^- を放出する酸化反応が，⊖極（陰極）で e^- を受け取る還元反応が起こる。電池とは逆になるので注意しよう。

40 ②

解説 ▶ この方法による水酸化ナトリウム NaOH の製法を**イオン交換膜法**という。外部電源につないだ陽極と陰極では，以下に示す反応が進行する。

陽極：$2Cl^- \longrightarrow Cl_2 + 2e^-$
陰極：$2H_2O + 2e^- \longrightarrow H_2 + 2OH^-$

陽イオン交換膜は，陽イオンのみを通す。陽極側で過剰となった Na^+ が陽イオン交換膜を通って陰極側に移動すれば，生成した OH^- の負電荷を打ち消し，両電解槽は電気的に中性に保たれる。

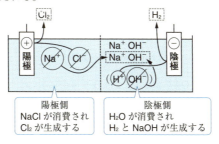

前のページに示した反応より，流れた e⁻ と同物質量の OH⁻ が生じ，これが同物質量の NaOH となるから，電流を x〔A〕とおくと，

$$\underset{\substack{\text{生成した}\\\text{NaOH〔mol〕}}}{\frac{2.00}{40}} = \underset{\text{流れた e⁻〔mol〕}}{\frac{x\text{〔A〕}\times 3600\text{〔s〕}}{9.65\times 10^4}}$$

$x = 1.34$〔A〕 答

41 ⑤

解説 水溶液の電気分解において，陰極では，よりイオン化傾向の小さな陽イオンが電子を受け取り単体となるため，以下の優先順で生成物が生じる。

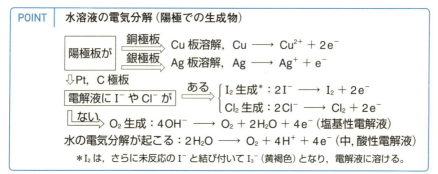

一方，陽極では極板溶解か，気体発生が起こる。

①〜⑤の両極でそれぞれ起こる反応は以下のとおり。（　）内に，e⁻ が 1 mol 流れたときの生成量を記す (e⁻ との係数比に相当)。

① $\begin{cases} 陰極：2H_2O + 2e^- \longrightarrow \boxed{H_2\left(\frac{1}{2}\,\text{mol}\right)} + 2OH^- \\ 陽極：4OH^- \longrightarrow \boxed{O_2\left(\frac{1}{4}\,\text{mol}\right)} + 2H_2O + 4e^- \end{cases}$

② $\begin{cases} 陰極：2H_2O + 2e^- \longrightarrow \boxed{H_2\left(\frac{1}{2}\,\text{mol}\right)} + 2OH^- \\ 陽極：2H_2O \longrightarrow \boxed{O_2\left(\frac{1}{4}\,\text{mol}\right)} + 4H^+ + 4e^- \end{cases}$

③ $\begin{cases} \text{陰極：} 2H_2O + 2e^- \longrightarrow \boxed{H_2\left(\frac{1}{2}\,\text{mol}\right)} + 2OH^- \\ \text{陽極：} 2Cl^- \longrightarrow \boxed{Cl_2\left(\frac{1}{2}\,\text{mol}\right)} + 2e^- \end{cases}$

④ $\begin{cases} \text{陰極：} Cu^{2+} + 2e^- \longrightarrow \boxed{Cu\left(\frac{1}{2}\,\text{mol}\right)} \\ \text{陽極：} 2Cl^- \longrightarrow \boxed{Cl_2\left(\frac{1}{2}\,\text{mol}\right)} + 2e^- \end{cases}$

⑤ $\begin{cases} \text{陰極：} Ag^+ + e^- \longrightarrow \boxed{Ag\,(1\,\text{mol})} \\ \text{陽極：} 2H_2O \longrightarrow \boxed{O_2\left(\frac{1}{4}\,\text{mol}\right)} + 4H^+ + 4e^- \end{cases}$

　図より，陰極と陽極で生じた物質の物質量比は 4：1 となっている。これに当てはまる電解質は⑤ 🔳答

42 　a：③　　b：②

解説 ▶ 　**a**　① 濃硫酸などの液体も触媒としてはたらくことがある。<u>誤り</u>。
② 触媒は反応熱に影響しない。<u>誤り</u>。
③ 触媒を加えると反応経路が変わり，活性化エネルギーが低下する。<u>正しい</u>。
④ 触媒は，正反応と逆反応を同じ倍率で速くする。触媒を加えて正反応の速度が10倍になれば，逆反応の速度も10倍になる。<u>誤り</u>。
⑤ ④で述べたように，正反応と逆反応を同じ倍率で速くするため，触媒は平衡状態を変えることはない。平衡状態に到達するまでの時間を短くするだけである。<u>誤り</u>。
b　① 気体分子の熱運動の激しさ＝速さは，温度によって変化し，圧力にはよらない。<u>誤り</u>。
② 分子の運動速度にはばらつきがあるが，高温では運動の速い分子の割合が増し，全体として熱運動が激しくなる。<u>この操作が図と合っている</u>。
③ 縦軸にとっているのは分子数そのものではなく「割合」なので，分子を増やしただけではグラフの形は変化しない。<u>誤り</u>。
④ 分子量の大きな分子に変えると，その分，運動の速さは小さくなる。むしろBのグラフがAに変わる。<u>誤り</u>。

第2章　物質の状態と変化

36　第2章　物質の状態と変化

43　a：⑤　b：③

解説▶　**a**　図2より，題意の「H_2O_2 は完全に分解」した状態で，O_2 は 0.050 mol 発生していることがわかる。反応式：$2H_2O_2 \longrightarrow O_2 + 2H_2O$ より，はじめの H_2O_2 濃度を C〔mol/L〕とおくと，

$$H_2O_2 : O_2 = C \times \frac{100}{1000} : 0.050 = 2 : 1$$

$\underbrace{\phantom{C \times \frac{100}{1000}}}$ 〔mol/L〕〔L〕　生成した　係数比
　　　　反応した　　　　O_2〔mol〕
　　　　H_2O_2〔mol〕

$C = 1.0$〔mol/L〕🅰

b　図1より，はじめの 20 秒間で O_2 が 0.0040 mol 発生している。この間の過酸化水素の減少速度＝反応速度を v〔mol/(L・s)〕とおくと，

$$H_2O_2 : O_2 = v \times \frac{200}{1000} \times 20 : 0.0040 = 2 : 1$$

$\underbrace{\phantom{v \times \frac{200}{1000}}}$ 〔mol/(L・s)〕　〔L〕　〔s〕　生成した　係数比
　　　反応した H_2O_2〔mol〕　　　O_2〔mol〕

$v = 2.0 \times 10^{-3}$〔mol/(L・s)〕🅰

〔mol/(L・s)〕とは，1秒〔s〕間に1Lあたり何molが反応したのかという意味の単位である。

44　③

解説▶　反応開始時の反応速度について，ここでは反応物質 A，B のうち，A の濃度のみを2倍にしているが，反応速度式 $v = k[A][B]$ より，速度は2倍に増加する。

次に最終的なCの生成量を考えるために，はじめの条件を反応式に整理する。ここで，AとBの水溶液を同体積ずつ混合していることに注意する。互いに体積が2倍になる分，モル濃度〔mol/L〕は半分になってしまう。

	A	＋	B	$\longrightarrow$	C	
はじめ	$\dfrac{0.040}{2}$		$\dfrac{0.040}{2}$		0	〔mol/L〕
（増減	-0.020		-0.020		$+0.020$）	
反応後	0		0		0.020	〔mol/L〕

　　　　　　　　　　　　　　　　　　└─ 図より

最終的にCが 0.020 mol/L 生じていることから，この反応は，A，B いずれかがなくなるまで進行する不可逆反応であることがわかる。したがって，A をいくら増やしても，B を増やさない限りは，C の生成量は増えない。

$$
\begin{array}{ccccc}
 & \text{A} & + & \text{B} & \longrightarrow & \text{C} \\
\end{array}
$$

$$
\begin{array}{lcccc}
\text{はじめ} & \dfrac{0.080}{2} & \dfrac{0.040}{2} & 0 & \text{〔mol/L〕} \\[2mm]
\text{（増減} & -0.020 & -0.020 & +0.020） & \\[2mm]
\text{反応後} & 0.020 & 0 & \underline{0.020} & \text{〔mol/L〕} \\
 & \text{（余る）} & & \text{（変わらない）} & \\
\end{array}
$$

45　a：⑥　b：⑤　c：①

解説 ▶ 図は，横軸に反応条件，縦軸に平衡時のアンモニアの割合(%)をとっている。時間の変数はないので，反応速度は関係ない。反応条件と平衡状態との関係を表している。いずれの圧力でも，低温のほうが生成物側に平衡移動するとわかる。

a　窒素と水素からアンモニアを合成する方法はハーバー・ボッシュ法とよばれる。

$\mathrm{N_2 + 3H_2 \rightleftharpoons 2NH_3}$　　よって，当てはまる組合せは⑥ **答**

b　ルシャトリエの原理より，温度を変化させたときの平衡移動から，発熱か吸熱かがわかる。温度を低下させたときは，低くなった温度を上昇させようとして発熱側に平衡移動する。$\mathrm{P_1}$～$\mathrm{P_5}$のグラフはいずれも<u>温度を低下させるほど生成物側に平衡移動している</u>ので，発熱反応である。

c　ルシャトリエの原理より，圧力を変化させたときの平衡移動は，気体分子数の増減から推定できる。高圧では，上昇した気体の圧力を減少させようとして，気体分子数が減少する側に平衡移動する。$\mathrm{P_1}$と$\mathrm{P_5}$のグラフを比較すると，<u>$\mathrm{P_5}$のほうが生成物側（気体分子数が減少する側）に平衡移動している</u>ので，$\mathrm{P_1 < P_5}$である。

46　②

解説 ▶ 可逆反応では，反応物質は完全に消費されることはなく，途中で化学平衡の状態となって見かけ上止まる。どこで止まるのかを予測するための法則が化学平衡の法則（質量作用の法則）である。解法は以下のとおり。

手順1　反応前後の量関係を反応式に整理する

整理できる値：①物質量〔mol〕，②モル濃度〔mol/L〕（反応前後で体積一定のとき），③分圧〔Pa〕（反応前後で温度と体積が一定のとき）

手順2　平衡時のモル濃度〔mol/L〕（圧平衡定数のときは分圧〔Pa〕）を，化学平衡の法則の式に代入する

POINT　**化学平衡の法則の式**

反応式 $\mathrm{A + B \rightleftharpoons 2C}$ のとき

$$K = \dfrac{[\mathrm{C}]^2}{[\mathrm{A}][\mathrm{B}]}$$　…右辺のモル濃度　…左辺のモル濃度

反応式中の足し算部分を，モル濃度のかけ算にする

平衡定数（温度によって変わる定数）　　[A]：A のモル濃度〔mol/L〕

38 第2章 物質の状態と変化

この手順に従って解く。C の物質量を x〔mol〕とおくと，

手順1

	A	+	B	$\rightleftharpoons$	C	+	D	
はじめ	1.0		1.0		0		0	〔mol〕
平衡時	1.0−x		1.0−x		x		x	〔mol〕

手順2

容器の体積を V〔L〕とおくと，$K = \dfrac{[C][D]}{[A][B]}$ より

$$0.25 = \frac{\dfrac{x}{V} \times \dfrac{x}{V}}{\dfrac{1.0-x}{V} \times \dfrac{1.0-x}{V}}$$

両辺の平方根をとる（x, V は定数で，$x>0$, $V>0$, $1-x>0$）と，

$$0.50 = \frac{x}{1.0-x}$$

これを解くと，$x = 0.33$〔mol〕答

---

47 a：④ b：⑥ c：②

解説 ▶ **a** 容器に入れた N_2O_4 の物質量を n〔mol〕，解離度を α とおいて，反応生成量を整理すると，

	N_2O_4	$\rightleftharpoons$	$2NO_2$	合計	
はじめ	n		0	n	〔mol〕
平衡時	$n(1-\alpha)$		$2n\alpha$	$n(1+\alpha)$	〔mol〕

$n = 5.0 \times 10^{-2}$, $n(1+\alpha) = 7.5 \times 10^{-2}$ なので，

$\alpha = 0.50$ 答

b 「分圧＝全圧×モル分率」より，全圧を P〔Pa〕とおいて平衡時の各分圧 $P_{N_2O_4}$〔Pa〕，P_{NO_2}〔Pa〕を表すと，

$$P_{N_2O_4} = P \times \frac{n(1-\alpha)}{n(1+\alpha)} = P \times \frac{1-\alpha}{1+\alpha} \text{〔Pa〕}$$

$$P_{NO_2} = P \times \frac{2n\alpha}{n(1+\alpha)} = P \times \frac{2\alpha}{1+\alpha} \text{〔Pa〕}$$

圧平衡定数（K_p）とは，モル濃度〔mol/L〕のかわりに分圧〔Pa〕をとった平衡定数である。上記分圧を使って K_p を表すと，

$$K_p = \frac{(P_{NO_2})^2}{P_{N_2O_4}} = \frac{\left(P \times \dfrac{2\alpha}{1+\alpha}\right)^2}{P \times \dfrac{1-\alpha}{1+\alpha}} = \frac{4P\alpha^2}{1-\alpha^2} \text{〔Pa〕}$$

$P = 1.5 \times 10^5$〔Pa〕，$\alpha = 0.50$ を代入すると，

$$K_p = \frac{4 \times 1.5 \times 10^5 \times (0.50)^2}{1-(0.50)^2} = 2.0 \times 10^5 \text{〔Pa〕}$$ 答

c ルシャトリエの原理より，上げられた圧力を下げようとして，気体分子数が減少する左側に平衡が移動する。したがって，NO_2 が減少して N_2O_4 は増加し，解離度 α は小さくなる。

なお，温度や濃度 (気体の場合は圧力でもよい) を元に戻そうとするのであって，平衡に直接関係ないものを元に戻すと考えてはいけない。たとえば，「体積を元に戻そうとして気体分子増加側に」と考えてはいけない。また，反応に関係しない物質 (貴ガスなど) の存在は，無視して考える必要がある。

---

48 **a** ア：⑤ イ：④ ウ：⑥ エ：① **b** ①

解説 ▶ **a** 濃度 c 〔mol/L〕の酢酸の電離度を α とおくと，反応生成量の整理は以下のようになる。

$$CH_3COOH \rightleftharpoons CH_3COO^- + H^+$$

はじめ	c	0	0	〔mol/L〕
平衡時	$c(1-\alpha)$	$c\alpha$	$c\alpha$	〔mol/L〕

平衡時の酢酸イオン濃度 $[CH_3COO^-]$ と水素イオン濃度は，各々 $c\alpha$ 〔mol/L〕と表される。よって，┃ ア ┃は⑤ **答**

平衡時の酢酸分子濃度 $[CH_3COOH]$ は $c(1-\alpha)$ 〔mol/L〕だが，弱酸の酢酸の場合は，一般に電離度 α は 1 に対して非常に小さい。そのようなときは，$1-\alpha$ をほぼ 1 と近似することができる。したがって，$[CH_3COOH] = c(1-\alpha) \fallingdotseq c$ 〔mol/L〕

よって，┃ イ ┃は④ **答**

これらの数値を化学平衡の法則に代入すると，

$$K_a = \frac{[CH_3COO^-][H^+]}{[CH_3COOH]} \fallingdotseq \frac{c\alpha \times c\alpha}{c} = c\alpha^2$$

よって，┃ ウ ┃は⑥ **答**

水素イオン濃度 $[H^+] = c\alpha$ と，上記 $K_a \fallingdotseq c\alpha^2$ から α を消去すると，

$$[H^+] \fallingdotseq \sqrt{cK_a}$$

よって，┃ エ ┃は① **答**

b **a** より，$K_a \fallingdotseq c\alpha^2$ だから，$\alpha \fallingdotseq \sqrt{\dfrac{K_a}{c}}$ である。

K_a は一定温度で定数なので，電離度 α は酢酸濃度 c の平方根に反比例するから，グラフは直線ではなく曲線になる (c の値が大きくなるほど α の値は小さくなる)。さらに，$K_a = 2.7 \times 10^{-5}$ 〔mol/L〕を用いて濃度 $c = 0.10$ 〔mol/L〕における電離度 α を求めると，

$$\alpha \fallingdotseq \sqrt{\frac{K_a}{c}} = \sqrt{\frac{2.7 \times 10^{-5}}{0.10}} = \sqrt{2.7 \times 10^{-4}} \fallingdotseq 0.016$$

曲線であり，濃度 0.10 mol/L のとき電離度が 0.016 であるグラフは① **答**

40 第2章 物質の状態と変化

---

49 a : ③ b : ①

解説 ▶ **a** 分子からなる物質である酢酸は，弱酸であり，この条件ではわずかしか電離しない。一方，イオンからなる物質である酢酸ナトリウムは，溶解すると完全に電離する。酢酸がほぼ未電離の状態にあるので，

$[CH_3COOH]=0.10\times\dfrac{100}{1000}\times\dfrac{1000}{200}=5.0\times10^{-2}$〔mol/L〕とみなせ，酢酸ナトリウムは完全電離するので，

$[CH_3COO^-]=0.20\times\dfrac{100}{1000}\times\dfrac{1000}{200}=0.10$〔mol/L〕とみなせる。

これらの値と，$K_a=2.8\times10^{-5}$〔mol/L〕を $K_a=\dfrac{[CH_3COO^-][H^+]}{[CH_3COOH]}$ に代入すると，

$$2.8\times10^{-5}=\frac{0.10}{5.0\times10^{-2}}\times[H^+] \quad [H^+]=1.4\times10^{-5}〔mol/L〕$$

よって，$pH=-\log_{10}[H^+]$
$$=-\log_{10}(1.4\times10^{-5})=-0.15+5=\textbf{4.85} \text{答}$$

b 弱酸遊離反応が起こり，加えた HCl と同物質量の CH_3COO^- が，CH_3COOH に変化する。反応後も CH_3COO^- は多量に残っているため，CH_3COOH の電離は無視できる。物質量で整理すると，

はじめの CH_3COOH : $0.10\times\dfrac{100}{1000}=1.0\times10^{-2}$〔mol〕

はじめの CH_3COONa : $0.20\times\dfrac{100}{1000}=2.0\times10^{-2}$〔mol〕

加えた HCl : $5.0\times\dfrac{2.0}{1000}=1.0\times10^{-2}$〔mol〕

	CH_3COOH	$\rightleftharpoons$	CH_3COO^-	$+$	H^+	
はじめ	1.0×10^{-2}		2.0×10^{-2}		1.0×10^{-2}	〔mol〕
反応後	2.0×10^{-2}		1.0×10^{-2}		0	〔mol〕
電離平衡時	$2.0\times10^{-2}-x$		$1.0\times10^{-2}+x$		x	〔mol〕

2.0×10^{-2} や 1.0×10^{-2} に対して無視できる

$[CH_3COOH]=(2.0\times10^{-2}-x)$〔mol〕$\times\dfrac{1000}{200}$〔/L〕$\fallingdotseq0.10$〔mol/L〕

$[CH_3COO^-]=(1.0\times10^{-2}+x)$〔mol〕$\times\dfrac{1000}{200}$〔/L〕$\fallingdotseq5.0\times10^{-2}$〔mol/L〕

$K_a=\dfrac{[CH_3COO^-][H^+]}{[CH_3COOH]}$ より，

$$2.8\times10^{-5}=\frac{5.0\times10^{-2}}{0.10}\times[H^+] \quad [H^+]=5.6\times10^{-5}〔mol/L〕$$

よって，$pH=-\log_{10}(5.6\times10^{-5})=-0.75+5=\textbf{4.25}$ 答

50 ⑤

解説▶ NH_3 の電離定数 K_b は，(1)式から導く。まず化学平衡の法則の定義より，

$$K=\frac{[NH_4^+][OH^-]}{[NH_3][H_2O]}$$

このKには単位が付かない。K_b〔mol/L〕にするためには，分母の $[H_2O]$ を一定とみなして，

$$K[H_2O]=K_b=\frac{[NH_4^+][OH^-]}{[NH_3]}$$

とする。一般に「電離定数」とよばれるものは，水の濃度 $[H_2O]$ を一定と考えて平衡定数の中に繰り入れた定数である。

水のイオン積 K_w とは，水の電離平衡定数である。反応式 $H_2O \rightleftharpoons H^+ + OH^-$ について，化学平衡の法則から，

$$K=\frac{[H^+][OH^-]}{[H_2O]}$$

$$K[H_2O]=K_w=[H^+][OH^-]$$

この式と $K_a=\dfrac{[H^+][NH_3]}{[NH_4^+]}$ から K_b を表す。

$$K_b=\frac{[NH_4^+][OH^-]}{[NH_3]}=\frac{[NH_4^+][OH^-][H^+]}{[NH_3][H^+]}=\frac{K_w}{K_a}\ 答$$

---

51 ④

解説▶ $AgNO_3 \longrightarrow Ag^+ + NO_3^-$ より，硝酸銀と同じモル濃度の Ag^+ が存在する。一方，$NaCl \longrightarrow Na^+ + Cl^-$ より，塩化ナトリウムと同じモル濃度の Cl^- が存在する。

両溶液を 100 mL ずつ混合すると，体積は 2 倍の 200 mL になるので，Ag^+ や Cl^- の濃度は各々半分になる。**実験1**について，それらの濃度を溶解度積の式 $K_{sp}=[Ag^+][Cl^-]$ に代入すると，

$$\underset{K_{sp}}{1.8\times10^{-10}}<\underset{[Ag^+]}{\frac{2.0\times10^{-3}}{2}}\times\underset{[Cl^-]}{\frac{2.0\times10^{-3}}{2}}$$

このように，加えたイオン濃度の積が溶解度積の値をオーバーするときは，実際は超えた分が AgCl の沈殿になる。よって，**実験1では沈殿が生成する。**

一方，**実験2**では，

$$\underset{K_{sp}}{1.8\times10^{-10}}>\underset{[Ag^+]}{\frac{2.0\times10^{-5}}{2}}\times\underset{[Cl^-]}{\frac{2.0\times10^{-5}}{2}}$$

イオン濃度の積が溶解度積を下回っているので，全部溶ける。同様に**実験3**も全部溶ける。すなわち，**実験2と実験3では沈殿が生成しない。**

52 問1 ③ 問2 ②

解説 ▶ **問1** 問題文中の図1のようなグラフを状態図という。純物質が固体，液体，気体のうちどの状態をとるかは，温度と圧力の2つの要因で決まる。それを表したのが状態図である。

設問では，はじめの条件が 600 Pa($=6\times10^2$ Pa)，20℃ と指定されている。これを図1上に点で記すと，その点は気体の領域とわかる。したがって，最初の CO_2 の状態は気体である。

最後の条件は，6×10^2 Pa，-140℃ と指定されている。点で記すと，固体の領域にあるので，CO_2 の状態は固体である。

6×10^2 Pa で温度を下げていくと，途中 -125℃ 付近で固体と気体の境界線を通過する。このとき CO_2 の状態変化（昇華）が起こり，<u>体積は気体のそれから固体のそれへと急減する</u>。

一方，-125℃ 以上の気体状態では，圧力 P と気体 CO_2 の物質量 n が一定なので，$PV=nRT$ より，<u>残る2つの変数 V と T（℃ではなく，絶対温度）が比例する</u>とわかる（シャルルの法則）。以上のことから，-125℃ 付近で体積が急激に変わり，それ以上の温度で V と T が比例するグラフを選べばよい。当てはまるグラフは ③ **答**

参考 対数目盛りは右のように読む。原点が0ではなく1であることに注意する。図1では，この 1×10 以上が記してある。

図1より，CO_2 は圧力約 5×10^5（約5気圧）以上なら，液体としても存在できることがわかる。たとえば，0℃，1×10^7 Pa なら液体である。

問2　問1の選択肢のグラフとは異なり，横軸には加えた熱量〔J〕，縦軸には温度〔℃〕をとっている。純物質の状態変化は温度一定で進行するので，下記のグラフのB−C間とD−E間ではそれぞれ融解，蒸発(沸騰)の状態変化が進行している。A−B間は固体，C−D間は液体，E以降は気体で存在する。

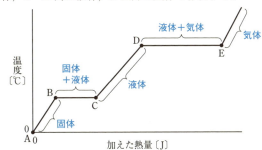

比熱が大きいほど，一定の温度上昇(縦軸一定幅)に要する熱量(横軸の幅)が大きいので，グラフの傾きは小さくなる。融解熱が大きいほどB−C間の熱量が，蒸発熱が大きいほどD−E間の熱量が大きくなる。この問題では，XとYのモル質量が等しく，一定質量かつ一定物質量で比較をしていることになるので，2つのグラフの傾きや長さを単純に比較するだけでよい。

XとYの各数値を比較すると以下のようになる。

	固体の比熱	融解熱	液体の比熱	蒸発熱	気体の比熱
X	小	大	大	小	同じ
Y	大	小	小	大	同じ

よって，正しい記述は② 答

この問題のねらい

状態変化とグラフを結び付けられるかどうかが試される問題。図1では，同じ温度でも圧力によって状態が違うことを理解しているかどうか，また，状態変化と体積変化を結び付けられるかどうかが問われている。図2では，状態変化と必要とする熱量を読み取って，融解熱，蒸発熱および比熱に結び付けられるかどうかが問われている。単にグラフの形を暗記しているだけでは解くことはできず，グラフの意味を理解し，必要な情報を読み取る力が必要になる。

53　問1　③　問2　⑤　問3　⑥

解説 ▶ KNO₃ の溶解度を点で記すと下記のようになる。

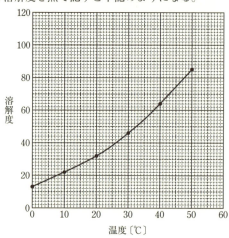

問1 27℃の溶解度は，図より約 40 と読める。飽和溶液は，水 100 g に対して KNO₃ が約 40 g 溶けている。水 1 kg あたりでは約 400 g 溶けることになるから，およその質量モル濃度は，$\dfrac{400}{M}$ 〔mol/kg〕 🈁

問2 図より，溶解度は 45℃で約 70，15℃で約 25 と読める。仮に水 100 g を用いて 45℃で飽和させ 15℃まで冷却したならば，下図のように 45 g の KNO₃ が析出する。

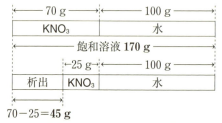

70−25＝**45 g**

飽和溶液 170 g を冷却したときは **45 g** 析出するので，500 g を冷却したときの析出量を x〔g〕とおくと，

$$\dfrac{析出量〔g〕}{はじめの飽和溶液〔g〕}=\dfrac{45}{170}=\dfrac{x}{500}$$

これを解くと，$x ≒ 132$〔g〕
これに最も値が近いものは⑤ 🈁

問3 問2の解法は，冷却前にすでに飽和溶液で，かつ，析出物に水和水（結晶水）が含まれないときに使える。この問いでは，この条件を両方満たしていない。したがって，下記のPOINTに示した式を使いながら，各段階での溶液の組成を求める必要がある。

> **POINT** 固体の溶解度の計算式
>
> $$\frac{溶質 [g]}{溶液 [g]} = \frac{\%}{100} \quad \cdots\cdots(1)$$
>
> $$\frac{溶質 [g]}{飽和溶液 [g]} = \frac{溶解度}{100 + 溶解度} \quad \cdots\cdots(2)$$
>
> $$\frac{無水物の質量 [g]}{水和物の質量 [g]} = \frac{無水物の式量}{水和物の式量} \quad \cdots\cdots(3)$$

32℃の水溶液中のNa_2SO_4の質量をX [g]，24℃の水溶液中のNa_2SO_4の質量をY [g]，24℃で析出した水和物中のNa_2SO_4の質量をZ [g]，24℃で析出する水和物の質量をx [g]とおく。

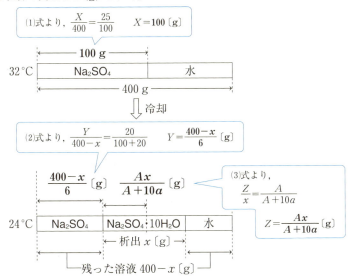

溶液および水和物中に含まれるNa_2SO_4の質量は，32℃のときと24℃のときで同じなので，析出量x [g]は，

$$100 = \frac{400-x}{6} + \frac{Ax}{A+10a}$$

これを解くと，

$$x = \frac{40(A+10a)}{A-2a} \text{ [g]} \quad 答$$

46 第2章　物質の状態と変化

別解 ▶ $\dfrac{溶質〔g〕}{溶媒〔g〕}=\dfrac{溶解度}{100}$　………(4)

を用いて解く方法もある。水和水の質量は，

$x\times\dfrac{10a}{A+10a}$〔g〕なので，析出後の溶解中に残っている溶媒は，

$400-100-x\times\dfrac{10a}{A+10a}$〔g〕

溶け残っている溶質 Y〔g〕は(4)式より，

$\dfrac{Y}{400-100-x\times\dfrac{10a}{A+10a}}=\dfrac{20}{100}$

これを解くと，

$Y=60-\dfrac{2ax}{A+10a}$

Na_2SO_4 の質量が同じことから，

$100=60-\dfrac{2ax}{A+10a}+\dfrac{Ax}{A+10a}$

これを解くと，

$x=\dfrac{40(A+10a)}{A-2a}$〔g〕 **答**

この問題のねらい

　溶解度曲線を作図し，それを読み取る力と，読み取った値から質量モル濃度や析出量を求める力，さらに水和物の析出量を求める力を問う応用問題である。各設問において，溶解度の数値を適切に用い，溶液量，溶媒量，溶質量，析出量の各数値を正確に区別して立式する必要がある。とくに問3では，析出に際し溶媒量も変わってしまうため，図をかくなどして上記の各数値がどのように変化するかを正確に認識する力が試されている。

54 問1 ③　問2　ア：② イ：⓪ ウ：①

解説 ▶ 問1　表1の値を点で記すと以下のようになる。

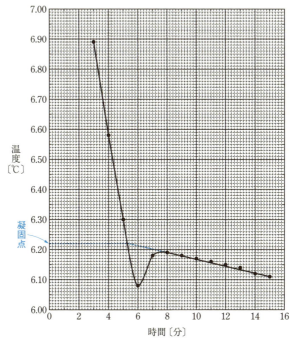

　6分前後でいったん凝固点よりも低い温度まで下がっているのは，過冷却が起こっているからである。このため，6分までは全部液体のまま，冷却によって温度が下がっている。6分から急激に凝固が始まり，融解熱（凝固熱）を放出するためいったん温度が急激に上がる。8分以降は，本来の凝固点に達し，冷却した分だけ凝固が起こるようになる。もしも純物質ならば，凝固は温度一定で進行するが，いまはナフタレンをシクロヘキサンに溶かした混合物なので，凝固点は一定ではない。溶媒のシクロヘキサンのみが凝固していくので，残った溶液のナフタレン濃度は上昇していき，それに伴って凝固点がより低下していくので右下がりのグラフとなる。

　はじめの溶液の凝固点は，過冷却が起こらなかったと仮定したときの凍りはじめの温度である。グラフの直線部分を外挿し（青破線），全部液体のときの線との交点を求め，その交点の縦軸数値を読むことによって凝固点を求めると，6.22℃と求められる。

問2 凝固点降下度 Δt_f〔K〕と質量モル濃度 m〔mol/kg〕の関係式は，以下の(1)式で表される。

$$\Delta t_f = K_f \cdot m \quad \cdots\cdots (1)$$

K_f は，溶媒によって決まる定数（＝モル凝固点降下）である。質量モル濃度 m〔mol/kg〕は，以下のようにして算出する。

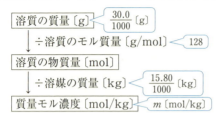

（溶質：ナフタレン　溶媒：シクロヘキサン）

$$m = \frac{30.0}{1000} \times \frac{1}{128} \times \frac{1000}{15.80} \fallingdotseq 0.0148 \text{〔mol/kg〕}$$

また，表2と**問1**で求めた値から，$\Delta t_f = 6.52 - 6.22 = 0.30$
これらを(1)式に代入すると，

$0.30 = K_f \times 0.0148$

$K_f = 20.2 \fallingdotseq 2.0 \times 10$〔K・kg/mol〕

よって，　ア：②，　イ：⓪，　ウ：① 答

この問題のねらい

共通テスト試行調査で出題された，凝固点降下と測定データの処理に関する問題である。問1では，グラフを作成した上で，外挿により凝固点を求めるデータ処理力が，問2では，求めたデータを使って定数を算出する計算力が問われている。同様の問題を解いたことがあれば解答しやすいだろう。従来のセンター試験でもグラフを読ませる問題は頻出だったが，共通テストでは，より詳細にグラフを読む力や，グラフを作成する力も要求されると予想される。

55 問1 ⑥　問2 ③　問3 ⑥　問4 ①

解説 ▶ 問1　グラフを作図すると，以下のようになる。

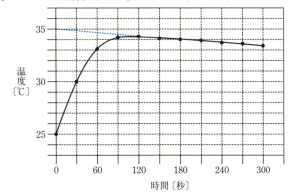

　水に水酸化ナトリウムを溶かせば溶解熱が発生し，水溶液の温度が上昇する。しかし，溶解と熱の伝導に時間がかかるため，液温が最高値に達するのは120秒後である。一方，ここでは断熱容器を用いてはいないので，発生した熱は容器の外にも漏れ続ける。120秒以降液温が下がっていくのはこのためである。十分長く時間が経てば，液温は周囲と同じ25℃に戻る。

問2　問1の「容器外への熱の漏れ」は，0～120秒の間にも起こっている。そこで，上図の青破線のように，120秒以降の曲線を0秒まで延長する「外挿」を行う。すると，熱が容器外に漏れなかったと仮定したときの最高温度が読み取れる。破線の0秒時の値を読んで，最高温度の外挿値は約35.0℃とわかる。よって，求めるおよその温度上昇は，35.0－25.0＝10.0〔℃〕＝**10.0〔K〕** 答

問3　比熱〔J/(g·K)〕×温度上昇した物質の質量〔g〕×温度上昇〔K〕＝熱量〔J〕
　　の式より，$d \times (a+b) \times c = \boldsymbol{cd(a+b)}$ **〔J〕** 答

問4　反応熱〔kJ/mol〕×反応した物質量〔mol〕＝熱量〔kJ〕
　　より，溶解熱を Q〔kJ/mol〕とおくと，

$$Q \times \frac{b}{M} = e \times 10^{-3} \quad \text{よって，} \quad Q = \frac{eM}{1000b} \text{〔kJ/mol〕} \text{答}$$

📎 **この問題のねらい**

　反応熱の測定実験を題材に，データ処理を行う力を試す問題。問1では，温度変化を表すグラフを作成し，外挿を行うことによって最高温度を読み取る力が必要になる。問2は温度差を読み取るだけだが，問3では比熱を用いて，温度上昇から溶液が吸収した熱量を求める計算式をたてる力が必要になる。

56 問1 ⑤　問2 ⑥　問3 ①　問4 ③

解説 ▶ **問1** 炭素数 n と，生成する CO_2 1 mol あたりの熱量 E との関係は，右の図のようになる。なお，炭素数 n のアルカン 1 mol を燃焼すると CO_2 が n mol 生成することから，E が空欄になっている化合物についても，燃焼熱〔kJ/mol〕を n で割れば E を求めることができる。

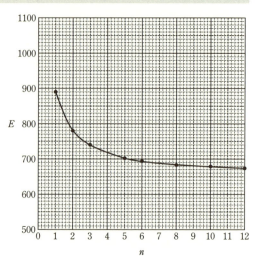

E の値は，はじめ n の増加とともに減少するが，その後一定値に近付く。最終的には，n が非常に大きいポリエチレンの E 値 650 kJ/mol に収束するはずである。組成式が CH_2 に収束するためである。

問2 上図より，$n=4$ のときの E の値はおよそ 720 と読める。ブタン C_4H_{10} の燃焼熱を Q〔kJ/mol〕とおくと，C_4H_{10} 1 mol の燃焼によって CO_2 4 mol が生じるので，$Q=720×4=2880$〔kJ/mol〕　選択肢のうち，この値に最も近いのは⑥ **答**

問3 表中には，C原子とH原子の個数比が 1：1 (組成式 CH) の芳香族炭化水素としてベンゼン C_6H_6 がある。石炭の E 値も，ベンゼンとほぼ同じであると推定できる。ベンゼンの E 値は $3270÷6=545$ であるから，当てはまるのはこれに最も近い① **答**

問4 E 値が大きいほど，一定発熱量あたりの CO_2 排出量は少ない。石炭の主成分は芳香族炭化水素，石油の主成分は炭素数が 5 以上の飽和炭化水素，天然ガスの主成分はメタンやエタンなどの炭素数の少ないアルカンである。これらとポリエチレンを加えた化合物の中で，最も E 値が大きいのはメタンやエタンだから，これらを多く含む天然ガスが，一定発熱量あたりの CO_2 排出量が最も少ないことになる。

📎 **この問題のねらい**

重要な環境問題である二酸化炭素の排出について，化学的に考察する問題。共通テストでは，こうした人間生活に即した話題が取り上げられやすくなると考えられる。アルカンの炭素数と燃焼熱との関係を図示し，二酸化炭素排出量と，得られるエネルギーとの関係が読み取れるかどうかが試され，その上で，なるべく少ない CO_2 排出量でエネルギーを得るのに適した燃料の条件を導き出せるかどうかが問われている。

57 問1 ⑤ 問2 ⑤

解説 ▶ まず表を完成させてみる。平均濃度は，前後の濃度を足して2で割って求める。平均反応速度は，濃度差を時間差で割って求める。

時間〔min〕	0	1	2	3	4
Aの濃度〔mol/L〕	1.00	0.60	0.36	0.22	0.14
Aの平均濃度 $\overline{c}$〔mol/L〕		0.80	(i) **0.48**	0.29	(ii) **0.18**
平均の反応速度 $\overline{v}$〔mol/(L·min)〕		(iii) **0.40**	0.24	0.14	0.08

(i) $\dfrac{0.60+0.36}{2}=0.48$ (ii) $\dfrac{0.22+0.14}{2}=0.18$ (iii) $-\dfrac{0.60-1.00}{1-0}=0.40$

問1 反応式は A → B なので，A の物質量減少と，B の物質量増加は一致する。体積一定ならば，モル濃度の増減も一致する。B のモル濃度変化は以下のとおり。

時間〔min〕	0	1	2	3	4
Aの濃度〔mol/L〕	1.00	0.60	0.36	0.22	0.14
Bの濃度〔mol/L〕	0	0.40	0.64	0.78	0.86
合計〔mol/L〕	1.00	1.00	1.00	1.00	1.00

この B の濃度を点で記せば，⑤のようなグラフになる。

問2 $\bar{v}=k\bar{c}$（$y=ax$ 型）の k を推定する。縦軸に $\bar{v}$，横軸に $\bar{c}$ をとり，点で記してつくったグラフの傾きを読めばよい。

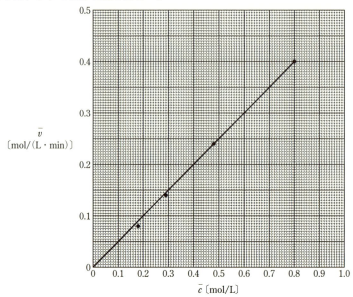

上図より，傾き k はおよそ 0.5〔/min〕とわかる。はじめの表から選択肢を絞り込むことも可能であろう。

📎 この問題のねらい

　測定データから反応速度定数を算出するためのデータ処理を行う問題である。各計算操作の意味を理解できているかどうかが試されている。まず，表中の空欄の数値を埋める必要があるが，問1では反応物と生成物の量の推移がイメージできれば答えを選ぶことができる。ただし，問2では難易度が格段に上がる。表中の空欄を埋めた後，表から必要なデータを取り出して作図し，さらに反応速度定数を求めなければならない。作図したグラフの傾きを読めばよいということに気付けたかどうか。多段階の思考を要求する設問である。

58 問1 ④　　問2 a ア：③ イ：②　b ⑤

解説 ▶ 問1　ヘンリーの法則を使う気体の溶解量計算なので， **26** の POINT で示した式に代入すればよい。

空気中の CO_2 の分圧は $1.0\times10^5\times\dfrac{0.040}{100}$〔Pa〕であり，水 1.0 L あたりだから，

$$0.033\times\frac{1.0\times10^5\times\dfrac{0.040}{100}}{10^5}\times\frac{1.0}{1}=1.32\times10^{-5}\text{〔mol〕}$$

$$\fallingdotseq \mathbf{1.3\times10^{-5}}\text{〔mol〕}\ \text{答}$$

問2　**a**　化学平衡の法則の定義を問題文の(2)式に当てはめると，

$$K_2=[\text{H}^+]\times\frac{[\text{CO}_3{}^{2-}]}{[\text{HCO}_3{}^-]}\quad\cdots\cdots(3)$$

よって，　ア：③，　イ：②　答

b　**a**で求めた(3)式の $-\log_{10}$ をとると，以下の(4)式になる。

$$-\log_{10}K_2=-\log_{10}[\text{H}^+]-\log_{10}\frac{[\text{CO}_3{}^{2-}]}{[\text{HCO}_3{}^-]}\quad\cdots\cdots(4)$$

$[\text{CO}_3{}^{2-}]=[\text{HCO}_3{}^-]$ のとき　$-\log_{10}\dfrac{[\text{CO}_3{}^{2-}]}{[\text{HCO}_3{}^-]}=-\log_{10}1=0$

となり，このときの $-\log_{10}[\text{H}^+]=\text{pH}$ が $-\log_{10}K_2$ に等しくなる。図より，$[\text{HCO}_3{}^-]=[\text{CO}_3{}^{2-}]$ となる pH は約 10.3 なので，$pK_2=-\log_{10}K_2=\mathbf{10.3}$　答

この問題のねらい

　　二酸化炭素の溶解と電離に関する問題である。問1では，ヘンリーの法則が理解できているかどうかが問われている。問2では，化学平衡の法則の式を用いて，pH と濃度比とから電離定数を求めるのだが，与えられた図が非常に複雑なので，ここから必要な値を取り出せるかどうかが問われる。グラフが各化学種の濃度比を表していることに気づけるかどうかが試されている。使う数値はたった1か所であり，気づけてしまえば複雑な操作をする必要はない。

54 第2章　物質の状態と変化

59　問1　① 　　問2　ア：⑤　イ：⓪　ウ：⑤　エ：⑨

解説 ▶　図は，沈殿が生じているとき（＝飽和溶液であるとき）の金属イオン濃度を表している。溶解度と同様で，これを超えるように金属イオンを加えると，超えた分は沈殿する。これさえわかっていれば，式を使うことなく解ける。

問1　図より，pH＝4 では $[Cr^{3+}]$ の上限は 1.0×10^{-1} mol/L であり，これを超える分は沈殿する。実際に沈殿が生じているのだから，水溶液中には 1.0×10^{-1} mol/L の Cr^{3+} が溶け残っている。

問2　はじめ 1.0×10^{-1} mol/L 含まれていた Cr^{3+} が 1.0×10^{-4} mol/L 未満まで低下していなければならない。したがって，図から，pH を 5.0 よりも大きくする必要がある。

　　一方，$Ni(OH)_2$ が沈殿してはいけないから，Ni^{2+} は 1.0×10^{-1} mol/L 全部が溶けていなければならない。図から，これが可能なのは，pH 5.9 未満である。

　　よって，求める pH の範囲は，**5.0＜pH＜5.9** 答

📎 **この問題のねらい**

　溶解度積の問題だが，与えられた図を活用できれば，計算を行う必要はない。まず，図が飽和溶液中の金属イオン濃度と pH との関係を表していることを正確に認識する必要がある。その上で，飽和時すなわち沈殿開始時について，問1では pH の値から金属イオン濃度を，問2では金属イオン濃度から沈殿開始時の pH を読み取っていく。与えられた図が何を意味するかを認識できるかどうかが試される問題。

第3章 | 無機物質の性質

60 ⑤と⑥

解説 ① 黒鉛は，C 原子の 4 個の価電子のうち 3 個を使って他の C 原子と平面的に共有結合する。残り 1 個の電子が平面内を自由に移動し，電気伝導性を示す。正しい。

② 炭素の酸化物は，中性気体である一酸化炭素 CO と，酸性気体である二酸化炭素 CO_2 の 2 種類である。正しい。

③ 単体のケイ素は，ダイヤモンドと同様に，Si 原子 1 個に他の Si 原子 4 個が正四面体状に共有結合する構造をとる。正しい。なお，ケイ素の単体は半導体である。

④ 地殻中に存在する元素は，多いものから酸素 O，ケイ素 Si，アルミニウム Al である。いずれも地殻中では化合物の形で存在する。とくに，Si や Al は酸素原子と結び付きやすいため，地上を含めた天然に単体の形では存在しない。正しい。

⑤ 二酸化ケイ素の結晶は，全構成原子が共有結合で強く結び付いた共有結合の結晶である。誤り。

なお，共有結合の結晶である SiO_2 は，右の図で示すように，Si 1 原子に O 4 原子が各々共有結合している。原子数比が 1：2 なので，組成式 SiO_2 と表す。

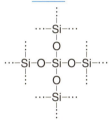

二酸化ケイ素

⑥ 二酸化ケイ素はフッ化水素酸に溶けるが，生成物はヘキサフルオロケイ酸 H_2SiF_6 である。誤り。

$SiO_2 + 6HF \longrightarrow H_2SiF_6 + 2H_2O$

なお，二酸化ケイ素を炭酸ナトリウム Na_2CO_3 または水酸化ナトリウム NaOH とともに加熱すると，ケイ酸ナトリウム Na_2SiO_3 が生成する。Na_2SiO_3 の水溶液が水ガラスである。

$SiO_2 + Na_2CO_3 \longrightarrow Na_2SiO_3 + CO_2$

$SiO_2 + 2NaOH \longrightarrow Na_2SiO_3 + H_2O$

また，水ガラスに塩酸を加えるとケイ酸 H_2SiO_3 が沈殿し，ケイ酸を加熱すると，シリカゲルができる。

POINT

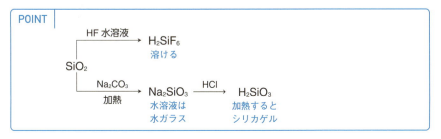

56 第3章　無機物質の性質

---

61 ①

解説 ▶ ①　銅に濃硝酸を作用させたとき発生するのは二酸化窒素である。誤り。一酸化窒素は，銅や銀に希硝酸を作用させたとき発生する。

> **POINT** | 銅と希硝酸，濃硝酸との反応
>
> 銅と希硝酸：$3Cu + 8HNO_3 \longrightarrow 3Cu(NO_3)_2 + 4H_2O + 2NO$
> 　　　　　　　　　　　　　　　　　　　　　　　　　一酸化窒素
>
> 銅と濃硝酸：$Cu + 4HNO_3 \longrightarrow Cu(NO_3)_2 + 2H_2O + 2NO_2$
> 　　　　　　　　　　　　　　　　　　　　　　　　二酸化窒素

②③　一酸化窒素 NO は，常温で O_2 と反応し，赤褐色の二酸化窒素 NO_2 に変化する。いずれも正しい。

④　以下のように反応し，硝酸と一酸化窒素を生じる。正しい。
$3NO_2 + H_2O \longrightarrow 2HNO_3 + NO$

⑤　リンの単体は空気中で燃焼し，十酸化四リン P_4O_{10} になる。正しい。
$4P + 5O_2 \longrightarrow P_4O_{10}$

⑥　P_4O_{10} は酸性酸化物であり，水と反応してリン酸 H_3PO_4 になる。正しい。

---

62 a：②と⑥　b：④と⑤

解説 ▶ **a**　①　石油には，微量の硫黄が含まれるので，精製のときに取り出される。正しい。

②　二酸化硫黄 SO_2 は還元性を示す。また，非金属元素の酸化物なので酸性酸化物であり，水溶液は酸性を示す。誤り。

③　有毒な気体には，CO_2 以外の酸性気体，塩基性の NH_3，中性だが酸化力が強い O_3，ヘモグロビンと結び付きやすい CO などがある。SO_2 は酸性気体であり有毒なので，ドラフトの中で扱う。正しい。

④　硫黄の同素体には，斜方硫黄，単斜硫黄，ゴム状硫黄がある。正しい。

⑤　以下のように反応し，SO_2 を発生する。正しい。
$2NaHSO_3 + H_2SO_4 \longrightarrow 2H_2O + 2SO_2 + Na_2SO_4$
（または，$NaHSO_3 + H_2SO_4 \longrightarrow H_2O + SO_2 + NaHSO_4$）

⑥　硫化水素 H_2S は2価の弱酸である。また，酸化されやすく，ヨウ素 I_2 によって酸化される。誤り。このとき H_2S は，還元剤としてはたらいている。

b ② 希硫酸は，イオン化傾向が水素より大きいスズ Sn と反応し，スズのほうが
　　イオン Sn^{2+} となって水素ガス H_2 が発生する。正しい。
　　　$Sn + H_2SO_4 \longrightarrow SnSO_4 + H_2 \uparrow$
③ 電離により生じた SO_4^{2-} が，Ba^{2+} と結び付き，$BaSO_4$ の沈殿となる。正しい。
④ 硫酸の不揮発性を利用した反応である。誤り。
　　　$NaCl + H_2SO_4 \longrightarrow HCl \uparrow + NaHSO_4$
　　この反応で生成する揮発性の塩化水素 HCl を，加熱により反応液から追い出す
　　と，右向きに平衡が移動し，さらに HCl が生成する反応が進む。
⑤ 硫酸（熱濃硫酸）の酸化力を利用した反応である。誤り。なお，この反応では
　　H_2 ではなく SO_2 が生成する。
　　　$Cu + 2H_2SO_4 \longrightarrow CuSO_4 + 2H_2O + SO_2 \uparrow$
⑥ 脱水作用とは，H 原子と O 原子を 2：1 の個数比で引き抜く作用である。スクロ
　　ース $C_{12}H_{22}O_{11}$ は，脱水によって炭素 C に変わるため，黒変する。正しい。
　　　$C_{12}H_{22}O_{11} \longrightarrow 12C + 11H_2O$

> **POINT** | 硫酸の性質
> ・強酸性（希硫酸）　・酸化作用（熱濃硫酸）
> ・脱水作用（濃硫酸）　・不揮発性（濃硫酸）

63 ④

解説 ▶ ① フッ素 F は酸素 O よりも電気陰性度が大きいので，F_2 は H_2O 中の O
原子から電子を奪い，O_2 を生成する。F_2 は酸化剤としてはたらいている。正しい。
　　　$2F_2 + 2H_2O \longrightarrow 4HF + O_2$
なお，Cl_2 は H_2O を酸化することはできず，Cl_2 の一部が H_2O と以下のように反
応して2種類の酸を生じる。
　　　$Cl_2 + H_2O \rightleftharpoons HCl + HClO$
② ハロゲン化水素酸のうち，HF のみが弱酸であり，あとの HCl，HBr，HI はすべて
強酸である。正しい。HF 水溶液（フッ化水素酸）は，ガラス（主成分 SiO_2）を溶か
す。また，HF は分子間で水素結合を行うため，沸点が異常に高い。
③ ハロゲン化銀のうち，フッ化銀 AgF だけは水によく溶ける。塩化銀 AgCl は，水
には溶けないが，アンモニア水にはジアンミン銀（Ⅰ）イオン $[Ag(NH_3)_2]^+$ となっ
て溶ける。正しい。

④ 塩素のオキソ酸（酸素原子を含む酸）には以下の4種類がある。次亜塩素酸 HClO 中の Cl 原子の酸化数は +1。一方，塩素のオキソ酸で Cl 原子がとりうる最大の酸化数は +7 である。誤り。

化学式	化合物名	Cl の酸化数
$HClO_4$	過塩素酸	+7
$HClO_3$	塩素酸	+5
$HClO_2$	亜塩素酸	+3
HClO（HOCl とも書く）	次亜塩素酸	+1

⑤ ハロゲン単体には水素結合を行うものはない。分子量（原子量）が大きいハロゲン（周期表上で下にあるもの）の単体ほどファンデルワールス力が強くなり，高沸点となる。分子量の大小関係は，フッ素＜塩素＜臭素の順であり，沸点もこの順に高くなる。正しい。

⑥ ハロゲン単体の酸化力（電子を奪う力）は，元素が周期表上で上にあるものほど強い。KBr に Cl_2 を作用させると，Cl_2 が Br^- から電子を奪い，Br_2 が生成する。正しい。

$2KBr + Cl_2 \longrightarrow Br_2 + 2KCl$

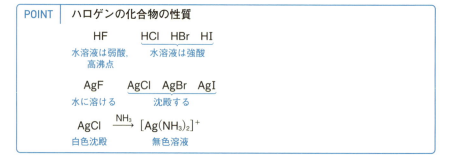

POINT　ハロゲンの化合物の性質

64 ②

解説 ① 貴ガス（希ガス）は他の原子とほとんど結合しないため，単原子分子で存在する。正しい。

② 乾燥大気の組成は，窒素約 78％，酸素約 21％，アルゴン約 0.9％ であり，アルゴンは貴ガスの中で最も多く大気に含まれる。一方，ヘリウムは大気にほとんど含まれず，地殻中に存在する。誤り。

65 ②

解説 ▶ ① 炭酸ナトリウム十水和物 $Na_2CO_3 \cdot 10H_2O$ は風解性の物質であり，空気中で水和水の一部を失う。正しい。

② 炭酸水素ナトリウム $NaHCO_3$ は，加熱したときに初めて分解し，以下の反応によって Na_2CO_3 を生じる。空気中に放置しただけでは分解しない。誤り。

$$2NaHCO_3 \longrightarrow Na_2CO_3 + H_2O + CO_2$$

③ 水酸化カリウム KOH などのアルカリ金属の水酸化物は，空気中でまず潮解し，水蒸気を吸ってどろどろになる。同時に強塩基なので，空気中で酸性酸化物の二酸化炭素 CO_2 を吸収し，以下の反応を起こして表面からゆっくりと炭酸カリウム K_2CO_3 に変化していく。正しい。

$$2KOH + CO_2 \longrightarrow K_2CO_3 + H_2O$$

④ 炭酸カルシウム $CaCO_3$ の沈殿を含む水溶液に二酸化炭素を吹き込んでいくと，以下の反応が起こって $CaCO_3$ は水溶性の $Ca(HCO_3)_2$ に変わり，沈殿は溶ける。正しい。

$$CaCO_3 + H_2O + CO_2 \longrightarrow Ca(HCO_3)_2$$

この変化は，石灰水 $Ca(OH)_2$ に CO_2 を吹き込み続けたときにも見られる。

$$Ca(OH)_2 + CO_2 \longrightarrow CaCO_3 + H_2O$$

$$CaCO_3 + H_2O + CO_2 \longrightarrow Ca(HCO_3)_2$$

⑤ 酸化カルシウム CaO は，金属元素の酸化物なので，塩基性酸化物である。酸と直接反応し，塩を生成する。正しい。

$$\underset{\text{塩基性酸化物}}{CaO} + \underset{\text{酸}}{2HCl} \longrightarrow \underset{\text{塩}}{CaCl_2} + H_2O$$

⑥ 硫酸マグネシウム $MgSO_4$ は水によく溶ける。一方，アルカリ土類金属 Ca, Sr, Ba の硫酸塩は，いずれも水に溶けにくい。正しい。

	水溶性		水溶性		水溶性
$MgCl_2$	溶ける	$MgSO_4$	溶ける	$Mg(OH)_2$	沈殿
$CaCl_2$	溶ける	$CaSO_4$	沈殿	$Ca(OH)_2$	溶ける*
$BaCl_2$	溶ける	$BaSO_4$	沈殿	$Ba(OH)_2$	溶ける

＊少量だけ溶ける

60 第3章　無機物質の性質

66　③

解説 ▶　a　アルミニウムの製錬では，まずボーキサイトから酸化アルミニウムを取り出し，これを融解した氷晶石に溶解させ，1000℃以下の比較的低温で液状として電気分解する。<u>正しい。</u>

b　アルミニウムは両性金属（両性元素）なので，単体のアルミニウムは強塩基の水溶液に溶けて水素を発生する。<u>正しい。</u>
水酸化ナトリウム水溶液との反応式は以下のとおり。

$$2\,Al + 2\,NaOH + 6\,H_2O \longrightarrow 2\,Na[Al(OH)_4] + 3\,H_2$$

POINT　両性金属 Al の反応

$$Al^{3+} \xleftarrow{\text{HCl または } H_2SO_4} Al \xrightarrow{\text{NaOH}} [Al(OH)_4]^-$$

水素が発生　　　　　　　　　　　　　　　　　水素が発生

---

c　アルミニウムは，鉄と同様に不動態をつくる金属だが，希硝酸は酸化力が弱いため，イオン化傾向が水素より大きなアルミニウムや鉄を溶かす。不動態は，濃硝酸または熱濃硫酸に加えたときに形成される。<u>誤り。</u>

d　ミョウバン $AlK(SO_4)_2 \cdot 12\,H_2O$ は，$Al_2(SO_4)_3$ と K_2SO_4 とが 1 : 1 の物質量比で結び付いた複塩であり，$Al_2(SO_4)_3$ と K_2SO_4 とを混合した水溶液を濃縮することによって析出させることができる。<u>正しい。</u>複塩の結晶の性質は，もとの塩の性質とは違う。ただし，複塩を水に溶かすと，もとの塩を混合したのと同じ水溶液になる。

e　酸化鉄（Ⅲ）とアルミニウムの組合せなら反応するが，酸化アルミニウムと鉄の組合せでは反応は起こらない。<u>誤り。</u>なお，酸化鉄（Ⅲ）とアルミニウムの粉末混合物はテルミットとよばれ，点火すれば激しく反応し，融解した鉄を生成する（下式）。昔はレールの溶接に使われた。

$$2\,Al + Fe_2O_3 \longrightarrow Al_2O_3 + 2\,Fe$$

f　水酸化アルミニウム $Al(OH)_3$ は，水酸化ナトリウム NaOH などの強塩基の水溶液には錯イオン $[Al(OH)_4]^-$ となって溶けるが，アンモニア NH_3 などの弱塩基の水溶液には溶けない。<u>誤り。</u>

POINT

$$Al^{3+} \xrightarrow{\text{NH}_3 \text{ または少量の NaOH}} Al(OH)_3 \xrightarrow{\text{過剰の NaOH}} [Al(OH)_4]^-$$

無色溶液　　　　　　　　　　　　　　白色沈殿　　　　　　　　　　無色溶液

---

67 ③

解説 ▶ ③ 遷移元素の最外殻電子の数は，1個または2個である。**遷移元素の場合，原子番号が増えても，内側の電子殻の電子が増えるだけで，最外殻電子は増えない。**誤り。

なお，典型元素ならば，He を除いて，最外殻電子の数は族番号の1桁目に一致する。

⑤ 遷移元素には，化合物によってさまざまな酸化数をとるものが多い。たとえば，Mn は化合物中で $+2\sim+7$ のすべての酸化数をとりうる。正しい。

68 ①

解説 ▶ ① 金属単体中，最も電気伝導性が大きいのは銀である。鉄はそれより小さいから誤り。

② 赤さびは，Fe_2O_3 と $Fe(OH)_3$ の中間の組成をもち，Fe^{3+} の化合物である。正しい。

③ Fe^{3+} はチオシアン酸カリウム KSCN と反応して血赤色を呈する。正しい。Fe^{2+} はこの反応を行わないので，Fe^{2+} と Fe^{3+} をこの呈色反応で区別できる。

④ クロム酸イオン $CrO_4{}^{2-}$（黄色）中の Cr 原子も，二クロム酸イオン $Cr_2O_7{}^{2-}$（赤橙色）中の Cr 原子も，酸化数は $+6$ で同じである。正しい。

⑤ クロム酸イオン $CrO_4{}^{2-}$ は，Pb^{2+} と結び付いて $PbCrO_4$ の黄色沈殿を生じる。正しい。また，$CrO_4{}^{2-}$ が Ba^{2+}，Ag^+ と結び付くと，それぞれ $BaCrO_4$（黄色），Ag_2CrO_4（赤褐色）の沈殿を生じる。

⑥ 過マンガン酸イオン $MnO_4{}^-$ を含む水溶液は赤紫色，酸化マンガン（Ⅳ）MnO_2 は黒色，マンガン（Ⅱ）イオン Mn^{2+} を含む水溶液は淡桃色（ほぼ無色）である。正しい。

POINT

$MnO_4{}^-$（赤紫色） $\xrightarrow{\text{還元剤（酸性）}}$ Mn^{2+}（淡桃色）

$Cr_2O_7{}^{2-}$（赤橙色） $\xrightarrow{\text{還元剤（酸性）}}$ Cr^{3+}（緑色）

$H^+ \updownarrow OH^-$

$CrO_4{}^{2-}$（黄色） $\xrightarrow{Pb^{2+}}$ $PbCrO_4$（黄色沈殿）

69 ⑤と⑥

解説 ① 空気中ではCuはO₂, CO₂, H₂Oと反応し、緑青とよばれる緑色のさび（CuCO₃·Cu(OH)₂ など）に変化する。正しい。

② 金属の水酸化物の多くは加熱により酸化物に変わる。イオン化傾向の小さな金属の水酸化物ほど酸化物に変わりやすく、水酸化銅（Ⅱ）Cu(OH)₂ の沈殿は、水中で加熱されただけでも酸化銅（Ⅱ）CuOに変わる。正しい。

$$Cu(OH)_2 \longrightarrow CuO + H_2O$$

なお、銀の水酸化物は常温で存在しない。Ag⁺ の水溶液に塩基を加えると、Ag₂Oの褐色沈殿が生じる。

③ 銅の電解精錬では、陰極に純銅、陽極に粗銅を用い、酸性の硫酸銅（Ⅱ）水溶液を電解液として電気分解を行う。粗銅中のイオン化傾向が Cu より大きな金属の不純物は、イオンとなって電解液に溶け出すが、陰極には析出しない。粗銅中のイオン化傾向が Cu より小さい金属の不純物は、単体のまま陽極の下に沈殿する（陽極泥）。正しい。陰極には、電解液中のイオンのうち最もイオン化傾向が小さい Cu のみが析出する。

④ イオン化傾向が Zn＞Cu なので、Zn のほうが Cu²⁺ の代わりにイオンになろうとして反応が起こり、Cu が析出する。正しい。

$$Zn + Cu^{2+} \longrightarrow Zn^{2+} + Cu$$

⑤ Cu²⁺ を含む水溶液に硫化水素 H₂S を通じれば、水溶液の pH に関係なく硫化銅（Ⅱ）CuS の黒色沈殿を生じる。誤り。なお、Zn²⁺ や Fe²⁺ は、酸性条件では硫化物は沈殿しない。

⑥ Cu²⁺ を含む水溶液（青色）に少量の NaOH 水溶液を加えれば Cu(OH)₂ の青白色沈殿を生じるが、さらに NaOH 水溶液を加えても沈殿は溶解しない。誤り。過剰の NH₃ 水を加えたときに [Cu(NH₃)₄]²⁺（深青色）となって溶解する。

POINT | **銅（Ⅱ）イオンの反応**

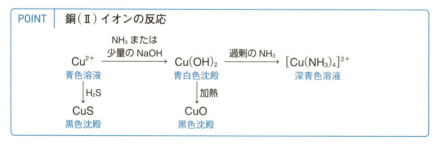

70　a：③　b：①

解説 ▶

POINT	沈殿するイオンの組合せ						
	Ba^{2+}, Ca^{2+}	Al^{3+}	Zn^{2+}	Fe^{3+}（黄褐色）	Pb^{2+}	Cu^{2+}（青色）	Ag^+
Cl^-					白色[*1]沈殿		白色[*2]沈殿
$SO_4{}^{2-}$	白色沈殿				白色沈殿		
$CO_3{}^{2-}$	白色[*3]沈殿	—[*4]	—[*4]	—[*4]	—[*4]	—[*4]	—[*4]
$CrO_4{}^{2-}$（黄色）	白色[*3]沈殿　BaCrO$_4$は黄色沈殿	—[*4]			黄色沈殿		赤褐色沈殿
OH^-	[*5]	白色沈殿	白色沈殿	赤褐色沈殿	白色沈殿	青白色沈殿	褐色[*6]沈殿
過剰 NH_3 水		白色沈殿	再溶解	赤褐色沈殿	白色沈殿	再溶解	再溶解
過剰 NaOH 水溶液	[*5]	再溶解	再溶解	赤褐色沈殿	再溶解	青白色沈殿	褐色沈殿
S^{2-}（H_2S）		白色[*7]沈殿	白色沈殿	黒色[*8]沈殿	黒色沈殿	黒色沈殿	黒色沈殿
		← 中，塩基性で沈殿 →			← 何性でも沈殿 →		

空欄になっているところは溶解する。

過剰 NH_3 水や NaOH 水溶液で再溶解とは，$[Zn(NH_3)_4]^{2+}$，$[Cu(NH_3)_4]^{2+}$（深青色），$[Ag(NH_3)_2]^+$，$[Al(OH)_4]^-$，$[Zn(OH)_4]^{2-}$，$[Pb(OH)_4]^{2-}$ といった錯イオンになり溶解するという意味である。

*1 沈殿 $PbCl_2$ は，熱湯に溶ける。

*2 沈殿 AgCl は，アンモニア NH_3 水に錯イオン $[Ag(NH_3)_2]^+$ となって溶ける。

*3 沈殿 $BaCO_3$，$CaCO_3$ は，塩酸に CO_2 を発生しながら溶ける。

*4 炭酸塩は沈殿するが，不安定。入試には出題されない。

*5 $Ca(OH)_2$ は水に少し溶ける。

*6 水酸化物ではなく，酸化物 Ag_2O の形で沈殿する。

*7 硫化物ではなく，水酸化物 $Al(OH)_3$ の形で沈殿する。

*8 Fe^{3+} は H_2S によって Fe^{2+} に還元される。したがって，沈殿するときは FeS となる。

a　上の表より，Cl^- を加えれば，Pb^{2+} のみが $PbCl_2$ として沈殿することがわかる。

b　上の表より，過剰の NaOH 水溶液を加えれば，Pb^{2+} と Al^{3+} は錯イオンとなって溶けるが，Cu^{2+} は $Cu(OH)_2$ の沈殿のままであることがわかる。

71 ③

解説 ▶ 分離は以下のように行われる。

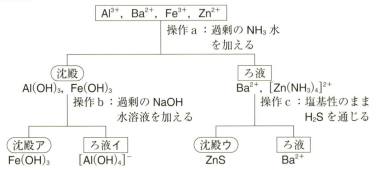

① 操作 a で加える NH₃ 水の量が少ないと，Zn²⁺ が錯イオンにならず，Zn(OH)₂ の沈殿となり，最終的には，ろ液イに [Zn(OH)₄]²⁻ の形で含まれてしまう。このため，NH₃ 水を過剰に加える必要がある。<u>正しい</u>。

② 操作 b で加える NaOH 水溶液の量が少ないと，Al(OH)₃ が [Al(OH)₄]⁻ にならず，沈殿アに Fe(OH)₃ と Al(OH)₃ の両方が含まれてしまう。このため，NaOH 水溶液を過剰に加える必要がある。<u>正しい</u>。

③ 操作 c で，酸性にしてから H₂S を通じると，Zn²⁺ は沈殿できず，Ba²⁺ とともにろ液に含まれてしまう。<u>誤り</u>。

④ Fe(OH)₃ を塩酸に溶かすと Fe³⁺ となる。Fe³⁺ は，ヘキサシアニド鉄(Ⅱ)酸カリウム K₄[Fe(CN)₆] と反応して濃青色沈殿となる。<u>正しい</u>。

⑤ ろ液イの [Al(OH)₄]⁻ に塩酸を加えていくと，少量加えたときは Al(OH)₃ の白色沈殿となり，多量に加えると Al³⁺ の溶液となる。Al(OH)₃ は両性水酸化物である。<u>正しい</u>。

⑥ 沈殿ウは ZnS の白色沈殿である。<u>正しい</u>。

POINT	過剰の NH₃	過剰の NaOH
Fe³⁺	Fe(OH)₃ 赤褐色沈殿	Fe(OH)₃ 赤褐色沈殿
Al³⁺	Al(OH)₃ 白色沈殿	[Al(OH)₄]⁻ 溶ける
Zn²⁺	[Zn(NH₃)₄]²⁺ 溶ける	[Zn(OH)₄]²⁻ 溶ける

72 ⑤と⑥

解説 ▶ ① 発生するアンモニア NH_3 は，水に溶け，かつ空気よりも平均分子量が小さい(軽い)ため，上方置換で捕集する。正しい。

② アンモニア NH_3 は，塩化水素 HCl と反応し，塩化アンモニウム NH_4Cl の白煙を生じる。正しい。

③ 生成した水蒸気は，試験管の口のところで凝縮して液体になる。液体の水が高温になっている試験管底部に流れ込むと，試験管が割れる。これを防ぐため，試験管の口を少し下に向ける。正しい。

④ 以下のとおり，固体の生成物は $CaCl_2$ である。$CaCl_2$ は水によく溶ける。正しい。

$$2NH_4Cl + Ca(OH)_2 \longrightarrow 2NH_3\uparrow + 2H_2O + CaCl_2$$

⑤ この反応は，弱塩基がもっている H^+ を強塩基が奪う反応である。強塩基 $Ca(OH)_2$ を，中性物質の $CaSO_4$ に代えてしまうと，反応は起こらなくなる。誤り。

⑥ 塩化カルシウム $CaCl_2$ は中性の乾燥剤であり，ほとんどの気体の乾燥には使えるが，NH_3 の乾燥には使えない。$CaCl_2 \cdot 8NH_3$ を生成しながら NH_3 を吸収するためである。誤り。

73 a：① b：②

解説 ▶ a 塩素 Cl_2 は，濃塩酸と酸化マンガン(Ⅳ)を加熱下に反応させるか，または常温でさらし粉に希塩酸などの酸を反応させれば発生する。ここでは前者の反応を行っている。反応式は以下のとおり。

$$MnO_2 + 4HCl \longrightarrow MnCl_2 + Cl_2 + 2H_2O$$

b 塩素 Cl_2 は水に溶け，かつ空気よりも平均分子量が大きい(＝重い)ため，下方置換で捕集する。

参考 丸底フラスコから発生する気体は Cl_2，HCl，H_2O の3種類である。**洗気びんの水は HCl を吸収し，濃硫酸は H_2O を吸収する。**通す順番を逆にしてはならない。後で水を通すと，水蒸気 H_2O が再び気体に混じり，純粋な Cl_2 が得られないからである。

66 第3章　無機物質の性質

74 ②

解説 ▶　各々の気体発生反応は以下のとおり。

$2Al + 2NaOH + 6H_2O \longrightarrow 2Na[Al(OH)_4] + 3\underline{H_2}$ ……ア

$CaF_2 + H_2SO_4 \longrightarrow CaSO_4 + 2HF$ ……イ

$FeS + H_2SO_4 \longrightarrow FeSO_4 + \underline{H_2S}$ ……ウ

$2KClO_3 \longrightarrow 2KCl + 3\underline{O_2}$ （MnO_2 は触媒）……エ

$Zn + 2HCl \longrightarrow ZnCl_2 + \underline{H_2}$ ……オ

水上置換で捕集できる気体は，中性気体である H_2 と O_2 である。酸性気体の HF や H_2S は，水に溶けるので水上置換はできない。HF，H_2S ともに，下方置換で捕集する必要がある（HF は，常温では水素結合により二量体になっているので，空気より重い）。

75 ①

解説 ▶　① 塩素 Cl_2 は，$Cl_2 + H_2O \rightleftarrows HCl + HClO$
のように，水と反応して2種類の酸を生じる。このため，塩素の水溶液は酸性を示す。誤り。

POINT	気体の液性，水溶性，臭いなどの性質	
	中性の気体	H_2, O_2, N_2, CO, NO, O_3, 炭化水素，貴ガス
	水に溶けにくい気体	H_2, O_2, N_2, CO, NO, O_3, 炭化水素，貴ガス
	臭いのない気体	H_2, O_2, N_2, CO, NO, CO_2, 炭化水素，貴ガス
	塩基性の気体	NH_3
	還元作用の強い気体	H_2S, SO_2*（高温では CO，H_2 も）
	酸化作用の強い気体	Cl_2, O_3, F_2（高温では O_2 も）
	色のある気体	Cl_2（黄緑色），NO_2（赤褐色），O_3（淡青色），F_2（淡黄色）

＊ SO_2 は，H_2S と反応するときは酸化剤としてはたらく。

76 ③

解説 ▶ a, d, e の3つが誤り。

a　ナトリウムなどのアルカリ金属は，エタノールなどのアルコールとも反応するので，石油中に保存する。

d　濃硫酸に水を加えると，多量の溶質が一度に薄まることになるので，多量の溶解熱が一度に発生する。このため液面付近で水が突沸し，濃硫酸ごと飛散するので危険である。正しく希釈するためには，水に濃硫酸を少しずつ加えていく。一度に加える溶質の量を抑えれば，一度に発生する溶解熱も抑えられるからである。

e　塩酸で中和すると，中和熱が発生してやけどする。薬品が皮膚に付着した場合は，水と反応するものでなければ，まず多量の水で洗う。水酸化ナトリウム水溶液が付着したときも，まず多量の水で洗い，その後，うすい酢酸（弱酸）を浸したガーゼ等で拭く。

f　アセトンやジエチルエーテルは，有機溶媒の中でもとくに引火性が強い。このため，火気のないところで使用するのはもちろん，保存するときも火気のない冷暗所に密栓して置く。

代表的な試薬の保存法を以下に整理しておく。

試薬	保存法	理由
濃硝酸(c) 銀化合物	遮光保存 （褐色びん保存）	光によって 分解するため
水酸化ナトリウム 水酸化カリウム	密栓	潮解性があるため （水蒸気を吸収）
炭酸ナトリウム十水和物	密栓	風解性があるため （水蒸気を放出）
ナトリウム(a) カリウム	石油中 （水中ではない）	酸素や水と激しく 反応するため
黄リン(b)	水中	自然発火するため
フッ化水素酸	ポリエチレンのびん	ガラスを溶かすため
アセトン(f) ジエチルエーテル	冷暗所で密栓	引火性があるため

77 ⑤

解説 ▶ ①〜④の反応式と，酸化剤，還元剤を以下に示す。

① $2SO_2 + O_2 \longrightarrow 2SO_3$
　　還元剤　　酸化剤

② $3H_2 + N_2 \longrightarrow 2NH_3$
　　還元剤　　酸化剤

③ $4NH_3 + 5O_2 \longrightarrow 4NO + 6H_2O$
　　還元剤　　酸化剤

④ $2C + O_2 \longrightarrow 2CO$
　　還元剤　　酸化剤

　$Fe_2O_3 + 3CO \longrightarrow 2Fe + 3CO_2$
　酸化剤　　還元剤

なお，$SiO_2 + CaCO_3 \longrightarrow CaSiO_3 + CO_2$ の反応も起こるが，これは酸化還元反応ではない。

⑤の反応は，中和反応と沈殿生成反応の組合せであり，<u>酸化還元反応は起こらない</u>。

　　$NH_3 + H_2O + CO_2 \longrightarrow NH_4HCO_3$
　　　塩基　　　　　酸　　　　　　　　塩

　　$NaCl + NH_4HCO_3 \longrightarrow NaHCO_3 + NH_4Cl$
　　　　　　　　　　　　　　　　　　　　析出
+)―――――――――――――――――――――――――

$NaCl + NH_3 + H_2O + CO_2 \longrightarrow NaHCO_3 + NH_4Cl$

$NaHCO_3$ は，通常の濃度では水に溶けるが，比較的溶解度が小さいため，反応が進むと析出してくる。

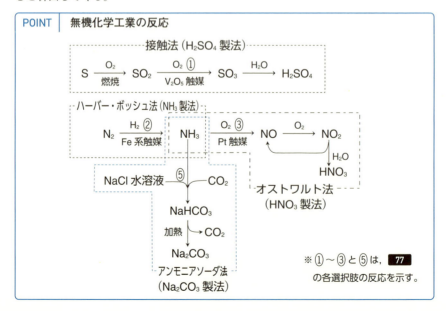

POINT　無機化学工業の反応

78 ③

解説 ③ 大理石の主成分は，炭酸カルシウム CaCO₃ である。
セッコウ（①）は CaSO₄·2H₂O，黄銅鉱（②）の主成分は CuFeS₂，水晶（④）は SiO₂ の結晶，ダイヤモンド（⑤）は C の結晶である。

79 ①と⑦

解説 ① カリウムなどのアルカリ金属の単体は，密度が小さく，やわらかい金属である。誤り。
②③ 金属単体の性質をイオン化列に整理すると以下のとおり。Mg は熱水と反応し H₂ を発生する。いずれも正しい。

POINT	金属のイオン化傾向

←イオン化傾向大

Li K Ca Na	Mg Al Zn Fe	Ni Sn Pb	(H₂) Cu Hg Ag	Pt Au
常温でO₂や H₂Oと反応	高温でO₂や H₂Oと反応			王水には溶ける

うすい酸に，H₂ を発生しながら溶ける

酸化力のある酸（希硝酸，濃硝酸，熱濃硫酸）に，各々 NO, NO₂, SO₂ を発生しながら溶ける

・Al, Zn, Sn, Pb の両性金属は，NaOH または KOH 水溶液に，H₂ を発生しながら溶ける。
・Al, Fe を濃硝酸に入れても，不動態ができるので溶けない。
・Pb は，不溶性の塩が表面に析出するため，希塩酸や希硫酸に溶けにくい。

④ ステンレス鋼は，鋼（Fe＋C）に Ni と Cr を加えてつくるさびにくい合金。流し台などに利用される。正しい。
⑤ ジュラルミンは，アルミニウムに銅，マグネシウム等を加えてつくる軽くかつ強度が大きな合金。航空機などに利用される。正しい。
⑥ リチウムイオンバッテリーは，軽くて高出力な二次電池であり，携帯用電子機器に用いられる。正しい。
⑦ 亜鉛は，鉄よりもイオン化傾向が大きいので，誤り。

鉄の表面に亜鉛を塗る（めっきする）と，傷がついても鉄は酸化されず，鉄よりもイオン化傾向が大きい亜鉛が代わりに酸化される（右図）。このため穴が開きにくい。トタン板とよばれ，屋根材等に用いられる。

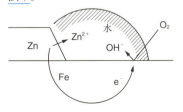

なお，鉄にスズをめっきしたものはブリキとよばれ，スズは鉄よりもイオン化傾向が小さいので，傷がつかないかぎりは安定である。缶の内張りなどに用いられる。

70 第3章　無機物質の性質

80 ④

解説 ▶ ① 酸化カルシウム CaO は，水と発熱しながら反応し，$Ca(OH)_2$ に変化する。このため，発熱剤に利用される。<u>正しい</u>。

② 酸化チタン(IV)TiO_2 は光触媒としてはたらき，表面に付着した有機物を酸化して分解するため，外壁などに塗布して利用される。<u>正しい</u>。

③ 光ファイバーのケーブルには，純粋な二酸化ケイ素 SiO_2 が使われる。<u>正しい</u>。

④ ルビーやサファイアは，酸化アルミニウムが主成分の結晶である。微量の不純物によって着色している。<u>誤り</u>。

⑤ 酸化亜鉛 ZnO の粉末は，白色顔料に利用される。<u>正しい</u>。

⑥ ガラス，セメント，陶磁器などのケイ酸塩工業の製品はセラミックスとよばれ，耐熱性が高く，かたく，さびない。ただし，衝撃等により割れやすく，加工しにくいという欠点がある。そこで，原料に純粋なケイ酸塩や，Al_2O_3 などのかたくて高融点のイオン結晶を用い，精密な条件で焼き固めた製品が発明された。これらをファインセラミックス(ニューセラミックス)と総称する。<u>正しい</u>。

⑦ 2族元素の酸化物は融点が高く，酸化マグネシウム MgO は耐火れんがの原料に用いられる。<u>正しい</u>。また，壁に塗られるしっくいは $Ca(OH)_2$ を主成分とするが，空気中で CO_2 を吸収して $CaCO_3$ となり固まる。倉庫の壁などに利用される。

81 ③と⑤

解説 ▶ ① 陶磁器は，粘土やそれを主成分とする陶石を粉砕し，水とともに練った後，焼き固めてつくられる。セメントは，石灰石，粘土，セッコウなどを原料にして，高温処理してつくられる。高温処理の際，石灰石は
$CaCO_3 \longrightarrow CaO + CO_2$ のように熱分解する。セメントに水を加えると，
$CaO + H_2O \longrightarrow Ca(OH)_2$ の発熱反応が起こり，次いで生成した $Ca(OH)_2$ が粘土中の二酸化ケイ素 SiO_2 やケイ酸塩と反応して固まる。また，高温処理の際，生成した焼きセッコウも，水と反応して固まる。なお，セメントに砂利，砂，水を加えて固めたものがコンクリートである。正しい。

② 原子や分子が規則正しく並んだ固体を結晶というが，ガラスのように，原子が不規則に並んでできた固体はアモルファス（非晶質）とよばれる。正しい。

③ 焼きセッコウとは，セッコウ $CaSO_4 \cdot 2H_2O$ を加熱してできる硫酸カルシウム半水和物 $CaSO_4 \cdot \frac{1}{2} H_2O$ である。加熱するのではなくて，水とともに練ると，固まってセッコウに戻る。誤り。

④ 臭化銀 $AgBr$ などのハロゲン化銀は，光が当たると $2AgBr \longrightarrow 2Ag + Br_2$ のように分解し，単体の銀を生じて黒くなる（感光性）。これを利用したのが昔ながらの銀塩写真である。正しい。

⑤ さらし粉 $CaCl(ClO) \cdot H_2O$ が水に溶けて生じる次亜塩素酸イオン ClO^- は強い酸化作用をもち，殺菌，漂白剤に利用される。還元作用ではなく酸化作用である。誤り。

⑥ 硫酸バリウム $BaSO_4$ はX線を吸収し，水にも溶けないので，経口投与により胃や腸に塗り付け，その形をレントゲン（X線）撮影することができ，X線撮影の造影剤に利用される。正しい。

⑦ ポリエチレンなどの直鎖状の高分子化合物は一般に熱を加えるとやわらかくなる（熱可塑性）。このため，加工が容易であり，多くの製品に用いられる。正しい。
　なお，三次元網目状に共有結合してできる合成高分子化合物は，熱を加えるとかたくなるので熱硬化性樹脂とよばれる。フェノール樹脂や尿素樹脂などがある。

82 問1 ⑥　問2 ⑤　問3 ⑤

解説 ▶ **問1**　一般に，金属元素の酸化物は塩基性酸化物，非金属元素の酸化物は酸性酸化物，両性金属の酸化物は両性酸化物である（CO と NO は中性の酸化物）。

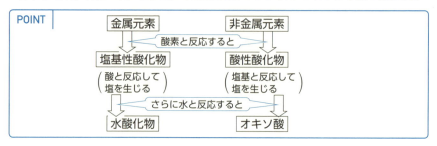

問2　Mg よりも Na の電気陰性度が小さい。また，水酸化物の塩基性は，金属元素 X の陽性が強くなる（＝電気陰性度が小さくなる）ほど強くなる傾向にある。このことは，下記の①の結合の電気陰性度の差が大きくなり，水中で X^+ と OH^- に電離しやすくなることから説明できる。以上のことから，$Mg(OH)_2$ よりも NaOH のほうが塩基性が強いといえる。

$$X\underset{①}{—}O\underset{②}{—}H$$

問3　上記 X–O–H の X を，H 原子よりも陰性の非金属元素に置き換えたものがオキソ酸である。たとえば X が Cl ならば，次亜塩素酸 HClO である。オキソ酸が酸性を示すのは，X が負電荷を得ようとして O 原子との共有電子対を引き寄せることで，O 原子も H 原子との共有電子対を引き寄せ，$X–O^-$ と H^+ に電離しやすくなるからである。この傾向は，X の電気陰性度が増大したり，酸化数が増大するとより顕著になる。

この問題のねらい

センター試験では酸化物の性質がよく問われていたが，共通テストでも問われやすいと考えられる。酸化物は化合物の代表であり，水と反応すれば水酸化物やオキソ酸を生じるので，物質の性質を理解する根幹となるからである。本問は，これらの物質を用いて，酸性・塩基性と，陰性・陽性との関連を考察する方法を示しており，無機化学を，丸暗記ではなく現象の理解までさかのぼって学習できているかを試す問題になっている。今後の無機化学分野では，知識問題のみならず，このような考察問題も出題されるのではないかと予想される。

83 問1 ⑥ 問2 ② 問3 ③ 問4 ④

解説 ▶ 問1 流動性のないコロイドをゲル，流動性のあるコロイドをゾルという。なお，疎水コロイドとは水和されずに表面電荷の反発によって分散しているコロイド，親水コロイドは水和されるコロイド，保護コロイドとは，疎水コロイドの凝析を防ぐために加える親水コロイド，エマルションとは液体分散媒に液体コロイドが分散したものを指す。

問2 下線部(b)で起こる反応は，

$$2\,AgBr \longrightarrow 2\,Ag + Br_2$$

であり，Ag原子が還元，Br原子が酸化される酸化還元反応が，光エネルギーによって進行する。

問3 下線部(c)で起こる反応は，

$$AgBr + 2\,Na_2S_2O_3 \longrightarrow Na_3[Ag(S_2O_3)_2] + NaBr$$

である。生成物そのものを知らなくても，$Na_2S_2O_3$という化学式から，チオ硫酸イオン$S_2O_3^{2-}$は2価の陰イオンであるとわかる。したがって，Ag^+ 1個と$S_2O_3^{2-}$ 2個からなる錯イオン$[Ag(S_2O_3)_2]^{3-}$は3価の陰イオンであり，1価の陽イオンNa^+ 3個と結び付いて錯塩$Na_3[Ag(S_2O_3)_2]$になることがわかる。

問4 濃硝酸は，光によって以下のように分解するため，褐色ビン中で保存する必要がある。

$$4\,HNO_3 \longrightarrow 4\,NO_2 + O_2 + 2\,H_2O$$

POINT | 銀塩写真の反応

感光：$2\,AgBr \xrightarrow{\text{光}} 2\,Ag + Br_2$

定着：$AgBr + 2\,Na_2S_2O_3 \longrightarrow Na_3[Ag(S_2O_3)_2] + NaBr$

非感光の AgBr が，錯塩に変化して溶解する

この問題のねらい

銀は，酸化還元や錯イオンなどと関連付けて出題することができる。本問では，銀塩写真というテーマを軸に，コロイド，酸化還元，錯イオン，銀化合物の感光性という広範な知識を問うている。無機化学は，身近な事象を取り上げやすい分野である。共通テストでも，1つのテーマを取り上げ，種々の角度から化学的に考えさせる本問のような出題がなされるのではないかと考えられる。

84 問1 ⑥　問2 ア：⑤　イ：④　問3 ⑤　問4 ②

解説▶ 問1 ヘキサシアニド鉄(Ⅲ)酸イオン $[Fe(CN)_6]^{3-}$ は6配位の錯イオンである。一般に，6配位の錯イオンは<u>正八面体形構造</u>をとる。金属イオンと配位子との間に存在する共有電子対6組が，反発し合って離れようとするからである。

問2 ア：ヘキサシアニド鉄(Ⅲ)酸カリウムは，Fe^{2+} と反応すると濃青色の沈殿を生じる。よって，鉄板の Fe は，Fe^{3+} ではなく Fe^{2+} に変化したことがわかる。この反応を表すイオン反応式は⑤ **答**

イ：赤色に変化したのは，溶液が塩基性になり，フェノールフタレインが変色域よりも塩基性側の色に変化したためである。したがって，変化の原因となるイオンを「生成する」反応のイオン反応式は，OH^- を生成する④ **答**

なお，③は溶液が酸性を示すときの反応式である。中性，塩基性条件のときは，H^+ を消費する意味の③の反応式ではなく，OH^- を生成する意味の④の反応式を書く。

問3 赤褐色という色から，水酸化鉄(Ⅲ) $Fe(OH)_3$ の沈殿を生じたのではないかと推測できる。$Fe(OH)_3$ は，<u>鉄板から生成した Fe^{2+} が O_2 によって酸化されながら OH^- と反応すれば生成する</u>。反応式は以下のとおり。選択肢からも推定したい。

$4Fe^{2+} + O_2 + 2H_2O + 8OH^- \longrightarrow 4Fe(OH)_3\downarrow$

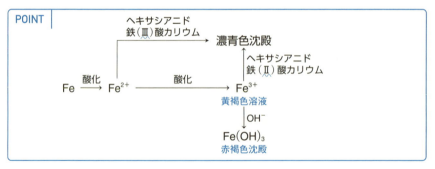

問4 亜鉛は鉄よりもイオン化傾向が大きいので，鉄に先んじて電子を放出し，イオンとなる。

$Zn \longrightarrow Zn^{2+} + 2e^-$

Zn^{2+} はヘキサシアニド鉄(Ⅲ)酸カリウムとは反応しない。したがって，<u>濃青色への変色は起こらない</u>。また，Zn^{2+} が OH^- と出会ったとしても，水酸化亜鉛 $Zn(OH)_2$ の白色沈殿になるので，<u>赤褐色の部分は現れない</u>。

亜鉛が放出した電子は鉄板に移動し，空気から溶け込んできた酸素 O_2 に渡される。この反応は実験1と同じである。

$O_2 + 2H_2O + 4e^- \longrightarrow 4OH^-$

したがって，フェノールフタレインの赤変によって，<u>赤色部分は現れる</u>。

この問題のねらい

　さびとは速度の遅い酸化還元反応であり，金属の性質と電池のしくみが関わってくる。本問では，鉄の腐食を再現するモデル実験をテーマに，鉄の性質，酸化還元反応，酸塩基の指示薬の知識を総合的に活用して現象を考察する力を試している。この実験そのものを覚えているかどうかではなく，問題文に沿って化学的に考察できていれば，自ずと答えがわかるように作られている。

第3章　無機物質の性質

76　第3章　無機物質の性質

85　問1　④　　問2　⑥　　問3　⑤　　問4　②

解説▶　格子エネルギーや水和エネルギーには，多種の要因が影響する。ここでは
それを単純に考察している。本文や選択肢の誘導に乗って思考すれば解ける。

問1　イオン間にはたらくクーロン力は，価数の積に比例し，距離の2乗に反比例す
る（エネルギーの場合は距離に反比例）。図の左上にあるイオン（Cs^+，Rb^+，K^+，
Na^+ など）は，価数が小さく，イオン半径が大きいためイオン間の距離が大きくな
る。したがって，これらのイオンと他のイオンとの間にはたらくクーロン力は比較
的小さく，その格子エネルギーも比較的小さくなると考えられる。

問2　半径が大きいと，球体の表面積は大きくなる。このため，イオン半径が比較的
大きい，図の左上端に存在するイオン結晶では，イオン表面に結び付く水分子の数
が増え，安定な水和イオンを形成できるようになるので，水和エネルギーは比較的
大きくなると考えられる。以上のことから，最も適当な選択肢は⑥ **答**

問3　本文に，「イオン間の引力と，その価数との関係から理解できる」とあるので，
問1の解説の冒頭に述べた2点のうち，とくに価数の積に着目して思考すればよい
とわかる。挙げられたイオンは，Cl^-，NO_3^-，SO_4^{2-}，CO_3^{2-} の4種類である。Cl^-
と NO_3^- は価数が小さいため，クーロン力や格子エネルギーが比較的小さいイオン
結晶をつくる。よって，塩化物や硝酸塩は水に可溶と推測できる。一方，価数の大
きな SO_4^{2-} や CO_3^{2-} は，Ba^{2+}，Sr^{2+}，Ca^{2+} との間に強いクーロン力を生じ，安定な
イオン結晶をつくるため，格子エネルギーが増大する。よって，硫酸塩や炭酸塩は
水に溶けにくくなると推測できる。

問4　図より，2価のマンガンイオン Mn^{2+} は領域Aに属するが，3価の Mn^{3+} や4価
の Mn^{4+} は領域Bに属することがわかる。題意より，Aに属する Mn^{2+} は，アルカ
リ性の水中では沈殿するかもしれないが，中性（pH=7）の水には溶けるとわかる。
一方，Bに属する Mn^{3+}，Mn^{4+} は，pH=7 の水溶液中から水酸化物や酸化物
（$MnO(OH)$ や MnO_2）となって沈殿するとわかる。以上のことから，最も適当な選
択肢は② **答**

POINT　**イオン結晶の溶解性**

　　半径大または価数小　⇒　クーロン力 小　⇒　水に溶けやすい
　　半径小または価数大　⇒　クーロン力 大　⇒　水に溶けにくい

この問題のねらい

　イオン結晶の水溶性を考察する難問。水溶液を化学結合や熱化学の観点から考察す
る良問であり，物質の性質を，理論化学で学んだ事項を用いて考える習慣ができてい
れば取り組める。性質そのものを暗記していても手は出ない。グラフと文章を，化学
的に読み解く力，すなわち，総合的な化学の運用能力が試されている。

86 問1 ⑤ 問2 エ：③ オ：⑤

解説 ▶ 熱分解反応では，生成した気体が散逸する分だけ固体の質量が減少する。その質量減少の推移を表したのが問題文中の図である。

問1 分解前の試料 $MgCO_3 \cdot 3H_2O$ をつくる反応である。この反応は，以下の2つの反応に分けられる。

$$2NaOH + CO_2 \longrightarrow Na_2CO_3 + H_2O \qquad \cdots\cdots(1)$$

$$MgCl_2 + Na_2CO_3 + 3H_2O \longrightarrow MgCO_3 \cdot 3H_2O + 2NaCl \quad \cdots\cdots(2)$$

まず(1)の反応によって $CO_3{}^{2-}$ が生じ，これが Mg^{2+} と結び付いて $MgCO_3$ が生じる。さらに水和水と結び付いて沈殿が析出する。(1)と(2)を足すと，問題文中の式となる。よって，当てはまる選択肢は⑤ **答**

$$MgCl_2 + 2NaOH + 2H_2O + CO_2 \longrightarrow MgCO_3 \cdot 3H_2O + 2NaCl$$

$$\underset{\boxed{\text{ア}}}{\uparrow} \qquad \underset{\boxed{\text{イ}}}{\uparrow} \qquad \underset{\boxed{\text{ウ}}}{\uparrow}$$

ただし，係数を合わせるだけであれば，両辺の原子の数が合うようにまず ア ， ウ の係数を決め，最後に イ の係数を決めればよい。

問2 化合物中の金属原子は，通常の加熱では気体にならない。A，Bでそれぞれ以下の反応が起こったものと考えると，Mg 化合物の係数比は 1:1 だから，問題文中の図の質量を用いて以下の x を求めることができる。

$$\underset{\substack{\text{式量 138}}}{MgCO_3 \cdot 3H_2O} \xrightarrow{\ A\ } \underset{\substack{\text{式量 } 24+x}}{MgX} \xrightarrow{\ B\ } \underset{\substack{\text{式量 40}}}{MgO}$$

$$MgCO_3 \cdot 3H_2O : MgX = \underset{\text{物質量比}}{\underline{\frac{69}{138} : \frac{42}{24+x}}} = \underset{\text{係数比}}{\underline{1:1}}$$

これを解くと，$x=60$

これは，C 1個，O 3個の原子量の和に一致する。

よって，MgX は $MgCO_3$ と考えられ，この物質からAで発生する気体は，$\underline{H_2O}$ である。

また，MgX が $MgCO_3$ であり，最終的には MgO が得られたことから，Bで発生する気体は以下のとおり $\underline{CO_2}$ であると決まる。

$$MgCO_3 \longrightarrow MgO + CO_2$$

78 第3章　無機物質の性質

POINT　熱分解後の物質の特定は，「物質量比＝係数比」を使う。

$$MA \xrightarrow[\text{熱分解}]{} MB + 気体$$

金属原子Mは気体にならず，数は同じ

　⇒　係数比 $1:1$

$$MA : MB = \frac{MA \text{ の質量}}{MA \text{ の式量}} : \frac{MB \text{ の質量}}{MB \text{ の式量}} = 1 : 1$$

物質量比　　　　　　　　　係数比

この問題のねらい

　教科書にはとくに記載されていない反応を取り上げて，その反応の内容を，測定結果から推定する問題である。問1では，反応式を推定させているが，両辺の原子数を合わせるだけでも解答はできる。問2では，熱分解反応における質量変化を測定したデータをグラフから読み，起こっている反応を推定する。質量変化 → モル質量の変化 → 物質の変化の順で推定していくという発想が出せるか，また，その計算ができるかどうかが問われている。

第4章 有機化合物の性質

87 ③と⑥

解説 ① 単結合は、自由に回転する(ねじる)ことができる。正しい。
②, ⑤ 直鎖状のアルカンの沸点は、炭素数が増すほど(=分子量が増すほど)単調に高くなる。CH_4〜C_4H_{10} が常温(20℃)で気体、C_5H_{12}〜$C_{16}H_{34}$ が液体、$C_{17}H_{36}$〜が固体である。いずれも正しい。
③ 不斉炭素原子に結合する原子や原子団(基)は、4つとも異なる必要がある。エタンの1個のC原子には、H原子が3個結合しているが、このうち1個をCl原子に置き換えても、あと2個が同じH原子なので、不斉炭素原子はできない。また、2個のH原子をCl原子に置き換えると、今度はC原子にCl原子が2個結合するので、やはり不斉炭素原子はできない。3個のH原子をCl原子に置き換えた場合も、同様に不斉炭素原子はできない。誤り。

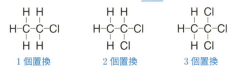

④ アルカンなどの炭化水素は無極性分子なので、水に溶けにくい。正しい。
⑥ 炭素数4のアルカンには、以下の2種類の構造異性体がある。3種類ではない。誤り。

$CH_3-CH_2-CH_2-CH_3$ $CH_3-CH-CH_3$
                                         $\qquad\qquad\quad CH_3$

88 ②と④

解説 ▶ ① エチレン（エテン）の構成原子は，同一平面上に固定されている。これは，二重結合の炭素原子は，結合の手を正三角形の頂点方向に伸ばしており，単結合と違い，二重結合は回転させる（ねじる）ことができないからである。<u>正しい</u>。

```
      H   120°  H
       \        /
        C = C
       /  120°  \
      H   120°  H
```

② エチレンに水が付加すると，エタノールが生成する。<u>誤り</u>。

$$CH_2=CH_2 + H-O-H \longrightarrow CH_3-CH_2-OH$$
　エチレン　　　　　　　　　　エタノール

なお，アセチレンに水が付加したときは，不安定なビニルアルコールを経てアセトアルデヒドが生成する。

③ 以下の3種類の異性体ができる。<u>正しい</u>。

```
   H   Cl       Cl   Cl       H   Cl
    \ /          \ /           \ /
     C=C          C=C           C=C
    / \          / \           / \
   H   Cl       H   H         Cl   H
                  シス形          トランス形
```

なお，「異性体」と言われたら，構造異性体と立体異性体をすべて区別する必要がある。

異性体　　　　┌ 構造異性体
（分子式が同じで　 │（原子の結合順序が異なる）
　性質が異なる）│　　　　　　　　　┌ シス-トランス異性体（幾何異性体）
　　　　　　　└ 立体異性体　　　　│（C=Cが回転できないことに由来）
　　　　　　　（空間的な配置　　　 │
　　　　　　　　のみが異なる）　　 └ 鏡像異性体（光学異性体）
　　　　　　　　　　　　　　　　　（不斉炭素原子に由来）

④ エタン，エチレン，アセチレンの順に短くなる。<u>誤り</u>。

⑤ 以下のように，シス-トランス異性体が存在する。<u>正しい</u>。

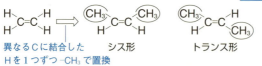

　異なるCに結合した　シス形　　　　トランス形
　Hを1つずつ-CH₃で置換

⑥ エチレンは付加重合を行うと，高分子化合物であるポリエチレンになる。<u>正しい</u>。

$$n\,CH_2=CH_2 \xrightarrow{\text{付加重合}} \text{\{}CH_2-CH_2\text{\}}_n$$
　　エチレン　　　　　　　　ポリエチレン

89 ⑤

解説 ▶ アセチレン（エチン）H–C≡C–H に，水銀（Ⅱ）塩を触媒として水を付加させると，不安定なビニルアルコールを経てアセトアルデヒド CH_3CHO（ア）が生じる。

$$
\begin{array}{c}
\text{H–C≡C–H} \\
+ \\
\text{H–O–H}
\end{array}
\xrightarrow{\text{付加}}
\left[
\underset{\text{(不安定)}}{\underset{\text{ビニルアルコール}}{
\begin{array}{c}
\text{H}\diagdown \quad \diagup\text{H} \\
\text{C=C} \\
\text{H}\diagup \quad \diagdown\text{O–H}
\end{array}}}
\right]
\longrightarrow
\underset{\text{アセトアルデヒド}}{
\begin{array}{c}
\text{H} \\
\text{H–C–C–H} \\
\text{H} \quad \text{O}
\end{array}}
$$

アセトアルデヒドは，塩化パラジウム（Ⅱ）と塩化銅（Ⅱ）の触媒の存在下で，エチレン $CH_2=CH_2$（イ）に酸素を作用させても得られる。

$$
2\begin{array}{c}
\text{H}\diagdown \quad \diagup\text{H} \\
\text{C=C} \\
\text{H}\diagup \quad \diagdown\text{H}
\end{array}
+ O_2
\xrightarrow[\text{酸化}]{\text{PdCl}_2,\ \text{CuCl}_2\ \text{触媒}}
2\underset{\text{アセトアルデヒド}}{
\begin{array}{c}
\text{H} \\
\text{H–C–C–H} \\
\text{H} \quad \text{O}
\end{array}}
$$

エチレン

なお，塩化ビニル $\begin{array}{c}\text{H}\diagdown \quad \diagup\text{H}\\ \text{C=C} \\ \text{H}\diagup \quad \diagdown\text{Cl}\end{array}$ は，アセチレン H–C≡C–H に塩化水素 H–Cl を付加させても得られるが，現在ではエチレンから 1,2-ジクロロエタン経由で製造されている。

$$
\begin{array}{c}
\text{H}\diagdown \quad \diagup\text{H} \\
\text{C=C} \\
\text{H}\diagup \quad \diagdown\text{H}
\end{array}
\xrightarrow[\text{付加}]{\text{Cl}_2}
\underset{\text{1,2-ジクロロエタン}}{
\begin{array}{c}
\text{H} \quad \text{H} \\
\text{H–C–C–H} \\
\text{Cl} \quad \text{Cl}
\end{array}}
\xrightarrow[\text{熱分解}]{\text{–HCl}}
\underset{\text{塩化ビニル}}{
\begin{array}{c}
\text{H}\diagdown \quad \diagup\text{H} \\
\text{C=C} \\
\text{H}\diagup \quad \diagdown\text{Cl}
\end{array}}
$$

90 ⑤

解説 ▶ 異性体を探すには，以下の手順を踏むとよい。

> **POINT** 異性体の探し方
>
> 手順1　C骨格を探す。
> 手順2　官能基や不飽和結合などの「付属品」を取り付ける位置を探す。
> 手順3　立体異性体（シス-トランス異性体と鏡像異性体）を探す。

分子式 C_4H_8 は，アルカン（C_4H_{10}）よりも H 原子が 2 個少ないので，二重結合または環状構造を 1 つだけもつ。このように，アルカンから H 原子が 2 個少なくなるごとに，二重結合または環状構造が 1 つずつ増える。

H 原子が 2 個少なくなる＝二重結合または環状構造が 1 つできる。

まず，C=C を 1 つもつアルケンを探す。

手順1　C 原子 4 個からなる骨格を探す。

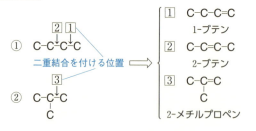

手順2　二重結合を付ける位置を探す。加工する単結合の手に矢印を付ける。

① C-C-C-C （２１の位置）
　　　　　　　⇒
② C-C-C
　　C　 （３の位置）

　１　C-C-C=C
　　　1-ブテン
　２　C-C=C-C
　　　2-ブテン
　３　C-C=C
　　　　C
　　　2-メチルプロペン

C_4H_8 のアルケンには，①~③の 3 種類の構造異性体があることがわかる。実は②は立体異性体の一種である幾何異性体をもつ（手順3 で探す）が，この問題では構造異性体の数を聞かれているので 手順2 で止める。

なお，②の構造に二重結合を付ける位置は，上記③の 1 通りしかない。下記のように④や⑤に付けたとしても，結合を回転させれば同じ構造になってしまう。

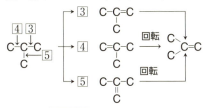

したがって，手順2 までは，「上下左右」を区別する必要はない。空間的な違いは，手順3 で立体異性体を探すときに初めて考えればよい。

次に，環状構造を 1 つもつシクロアルカンを探す。環状構造を構成できるのは 2 本腕以上の原子なので，ここでは C 原子 4 個のみである。以下の四員環と三員環が可能である。

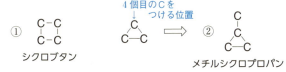

C_4H_8 のシクロアルカンには，上記①，②の 2 種類の構造異性体があることがわかる。
以上のことから，当てはまる答えは⑤ 答

91 ⑤

[解説] ①~⑤について，H原子省略の構造で，H₂ 1分子付加後の生成物と，2分子付加後の生成物を記す。

① $\xrightarrow{H_2}$ ①' C-C-C-C=C $\xrightarrow{H_2}$ ①'' C-C-C-C-C
　　　　　　　　　|
　　　　　　　　　C

② $\xrightarrow{H_2}$ ②' C-C-C=C-C-C $\xrightarrow{H_2}$ ②'' C-C-C-C-C-C
　　　　　　　　　　|　　　　　　　　　　　|
　　　　　　　　　　C　　　　　　　　　　　C

③ $\xrightarrow{H_2}$ ③' C-C-C-C-C=C $\xrightarrow{H_2}$ ③'' C-C-C-C-C-C
　　　　　　　　　　|　　　　　　　　　　　|
　　　　　　　　　　C　　　　　　　　　　　C

④ $\xrightarrow{H_2}$ ④' C-C-C=C-C-C $\xrightarrow{H_2}$ ④'' C-C-C-C-C-C
　　　　　　　　　|　|　　　　　　　　　　|　|
　　　　　　　　　C　C　　　　　　　　　　C　C

⑤ $\xrightarrow{H_2}$ ⑤' C-C-C-C=C-C-C $\xrightarrow{H_2}$ ⑤'' C-C-C-C-C-C-C
　　　　　　　　　　|　|　　　　　　　　　　　|　|
　　　　　　　　　　C　C　　　　　　　　　　　C　C

まず，H₂ 1分子付加した生成物について，幾何異性体を探す。末端で二重結合となっている①'，③'は一目で幾何異性体なしとわかる。残りの②'，④'，⑤'について，C=Cのまわりを実際の結合角120°にして記すと，

②'　シス形　　トランス形

④'　シス形　　トランス形

⑤'　シス形　　トランス形

②'，④'，⑤'は，いずれも幾何異性体をもつことがわかる。次に，2分子付加した②''，④''，⑤''について不斉炭素原子を探す。枝分かれの炭素原子に着目すると，

よって，題意を満たすのは⑤ **[答]**
なお，不斉炭素原子は③''にも存在する。

92　a：②　b：⑤　c：①　d：③　e：⑧　f：⑦

解説 ▶ C，H以外の元素を含む原子団を官能基とよび，独特の性質を示す。

> **POINT**　**主な官能基**
>
> (1)，(2)は −O− をはさんだもの，(3)，(4)は $-\underset{\underset{O}{\|}}{C}-$ をはさんだもの，(5)，(6)は
>
> $-\underset{\underset{O}{\|}}{C}-O-$ をはさんだものである。隣にH原子が付くかどうかで性質が異
>
> なるので各々2種類ずつに分かれる。
>
> | | 構造 | 名称 | 特記事項 |
> |---|---|---|---|
> | (1) | −O−H | ヒドロキシ基 | 脱水，酸化等を行う |
> | (2) | −O− | エーテル結合 | 安定で反応しない |
> | (3) | $-\underset{\underset{O}{\|}}{C}-H$ | アルデヒド基[*1]
（ホルミル基） | 還元性を示す |
> | (4) | $-\underset{\underset{O}{\|}}{C}-$ | ケトン基[*1] | |
> | (5) | $-\underset{\underset{O}{\|}}{C}-O-H$ | カルボキシ基[*2] | 弱酸性 |
> | (6) | $-\underset{\underset{O}{\|}}{C}-O-$ $\left(\underset{\underset{O}{\|}}{H-C}-O- \text{も含む}\right)$ | エステル結合[*2] | 加水分解される |
> | (7) | $-NO_2$ | ニトロ基 | 中性 |
> | (8) | $-NH_2$ | アミノ基 | 弱塩基性 |
> | (9) | $-\underset{\underset{H}{\|}}{N}-\underset{\underset{O}{\|}}{C}-$ | アミド結合 | 加水分解される |
> | (10) | $-N＝N-$ | アゾ基 | カップリング反応で生じる |
> | (11) | $-SO_3H$ | スルホ基 | 強酸性 |
>
> ＊1　アルデヒド基やケトン基には，Niなどの触媒存在下でH_2が付加する。なお，ハ
> ロゲンは付加しない。アルデヒド基とケトン基を合わせてカルボニル基という。
> ＊2　カルボキシ基とエステル結合は，付加反応を行わない。

第4章　有機化合物の性質

93 ②と④

解説▶ ① ジメチルエーテルとエタノールは，いずれも分子式が C_2H_6O であり，構造異性体の関係にある。正しい。

② アセトンの分子式は C_3H_6O，アセトアルデヒドの分子式は C_2H_4O で，分子式が違うから，両者は異性体の関係にない。誤り。なお，以下に示すように，アセトンとプロピオンアルデヒドならば構造異性体の関係となる。

なお，C_3H_6O の分子式の場合，ほかにも不飽和アルコール，不飽和エーテル，環状アルコール，環状エーテルの異性体も考えられる。

③ 酢酸とギ酸メチルは，いずれも $C_2H_4O_2$ の構造異性体である。正しい。

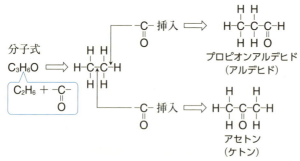

④ ①でわかるように，鎖式の飽和アルコールや飽和エーテルであれば，二重結合や環状構造をもたないから，アルカン C_nH_{2n+2} と同じ数の H 原子をもつ。したがって，鎖式飽和 1 価アルコールの分子式は一般式で $C_nH_{2n+2}O$ と表される。誤り。

　なお，示性式は一般式で $C_nH_{2n+2}OH$ と表される。いずれにしても H 原子は $2n+2$〔個〕である。

⑤ 飽和のケトンとは，炭化水素基に不飽和結合をもたないという意味である。ケトン基 $\diagdown C{=}O$ には二重結合がある。このため，分子式の H 原子数は，アルカンよりも 2 個少なくなり，一般式で $C_nH_{2n}O$ となる。正しい。②で取り上げたアセトン C_3H_6O やアセトアルデヒド C_2H_4O もこの一般式に当てはまっている。

⑥ 飽和のカルボン酸というのも，炭化水素基には不飽和結合をもたず，カルボキシ基 $\overset{-C-OH}{\underset{O}{\|}}$ には二重結合をもつ。このため，分子式の H 原子数はアルカンより 2 個少ない。酸素原子は 2 個あるので，一般式は $C_nH_{2n}O_2$ となる。正しい。③で取り上げた酢酸も，この一般式に当てはまっている。

94 ④と⑥

解説▶ ① アルコールは，極性の大きなヒドロキシ基 –OH をもつので，炭化水素基が小さなもの（直鎖の 1 価アルコールなら C 原子数 3 まで）は水によく溶ける。しかし，炭化水素基が大きくなると，その疎水性が –OH の親水性を上回り，水に溶けにくくなる。正しい。

② アルコールは，ヒドロキシ基の部分で水素結合を行うことができ，分子間が比較的強い力で結ばれる。したがって，同程度の分子量の炭化水素よりも沸点が高くなる。正しい。

③ アルコールはナトリウム Na と反応し，水素 H_2 を発生する。正しい。

$$2R{-}OH + 2Na \longrightarrow 2R{-}ONa + H_2\uparrow \quad (\text{R は炭化水素基か H 原子})$$

この反応は，ヒドロキシ基の検出に用いられる。

④ メタノールは，触媒を用いて一酸化炭素と水素から合成される。水からではない。誤り。

⑤ エタノールは，同じ C 骨格をもつアルケンのエチレンに，水を付加させて得ることができる。正しい。

$$\underset{\text{エチレン}}{CH_2{=}CH_2} + H{-}O{-}H \xrightarrow{\text{酸触媒}} \underset{\text{エタノール}}{CH_3{-}CH_2{-}OH}$$

⑥ 1-プロパノール $CH_3{-}CH_2{-}CH_2{-}OH$ を硫酸酸性二クロム酸カリウムで酸化すると，プロピオンアルデヒド $CH_3{-}CH_2{-}\overset{O}{\underset{\|}{C}}{-}H$ を生じる。誤り。なお，2-プロパノール $CH_3{-}\underset{OH}{\overset{|}{CH}}{-}CH_3$ を酸化すればアセトン $CH_3{-}\overset{O}{\underset{\|}{C}}{-}CH_3$ が生成する。

88 第4章 有機化合物の性質

95 ⑤

解説 ▶ ① $R-\underset{OH}{CH}-CH_3$ または $R-\underset{O}{C}-CH_3$ の構造をもつ物質（Rは炭化水素基かH

原子）は，ヨウ素 I_2 と水酸化ナトリウム NaOH を作用させるとヨードホルム CHI_3 の黄色沈殿を生じる。アセトアルデヒド $H-\underset{O}{C}-CH_3$ は，上記のRがHの構造をもつ

ため，ヨードホルム反応を示す。<u>正しい。</u>

② ギ酸 $H-\underset{O}{C}-OH$ は，カルボキシ基 $-COOH$ とアルデヒド基 $-CHO$ の両方の構造を

もつ。したがって，カルボキシ基の検出反応と，アルデヒド基の検出反応の両方で反応する。この選択肢の記述は，アルデヒド基の検出反応である銀鏡反応を説明したものである。<u>正しい。</u>

③ ギ酸は $-COOH$ をもつので $NaHCO_3$ 水溶液と反応し，CO_2 の泡を発生する。<u>正しい。</u>

$$HCOOH + NaHCO_3 \longrightarrow HCOONa + H_2O + CO_2\uparrow$$

④ 酢酸に，十酸化四リン P_4O_{10} などの脱水剤を作用させると，酢酸2分子から H_2O 1分子がとれ，無水酢酸（酸無水物）が生じる。<u>正しい。</u>

$$CH_3-\underset{O}{C}-OH + HO-\underset{O}{C}-CH_3 \longrightarrow CH_3-\underset{O}{C}-O-\underset{O}{C}-CH_3 + H_2O$$

　　　　　　酢酸×2　　　　　　　　　　　　　無水酢酸

⑤ 酢酸 CH_3COOH は，アセトアルデヒド CH_3CHO の酸化によって得られる。加水分解ではない。<u>誤り。</u>

⑥ アルデヒド基 $-\underset{O}{C}-H$ とケトン基 $-\underset{O}{C}-$ をまとめてカルボニル基とよぶことがある。

カルボニル基は極性をもつ官能基$\left(\underset{\delta+\quad\delta-}{>C=O}\right)$なので，親水基である。C原子数3までのカルボニル化合物は水によく溶ける。アセトアルデヒドやアセトンは，水とどんな割合でも混じり合う。<u>正しい。</u>

	POINT	脂肪族の官能基検出反応		

	検出する構造	加える試薬	変化
(1)	$>C=C<$ または $-C\equiv C-$	Br_2 水溶液	赤褐色が脱色される
(2)	$-OH$	Na	H_2 の泡が発生する
(3)	$-\overset{\parallel}{\underset{O}{C}}-H$	アンモニア性硝酸銀水溶液	銀鏡を生じる
(4)	$-\overset{\parallel}{\underset{O}{C}}-H$	フェーリング液	Cu_2O の赤色沈殿が生じる
(5)	$R-\overset{\underset{\mid}{OH}}{CH}-CH_3$ または $R-\overset{\parallel}{\underset{O}{C}}-CH_3$ （Rは炭化水素基またはH原子）	I_2 と NaOH 水溶液	CHI_3 の黄色沈殿が生じる
(6)	$-\overset{\parallel}{\underset{O}{C}}-OH$	$NaHCO_3$ 水溶液	CO_2 の泡が発生する

第4章 有機化合物の性質

96 ③

解説 ▶ 行っている反応の反応式を書いて，「物質量比＝係数比」の計算で未知数を決定していく。このアルコールAは，O原子を1個もつから $-OH$ も1個しかないとわかる。「直鎖状」とあるので，もし飽和アルコールなら $C_{10}H_{22}O$，二重結合を x 個もつとすると，分子式は $C_{10}H_{22-2x}O$ となる。ここで，n と x の関係は，

$$n = 22 - 2x \quad \cdots\cdots(1)$$

であり，行っている反応は以下の2つである。

$$2C_{10}H_nO + 2Na \longrightarrow 2C_{10}H_{n-1}ONa + H_2 \quad \cdots\cdots(2)$$

$$(2R-OH + 2Na \longrightarrow 2R-ONa + H_2 \text{ とも書ける})$$

$$C_{10}H_nO + xH_2 \longrightarrow C_{10}H_{22}O \quad \cdots\cdots(3)$$

用いたAの物質量を y 〔mol〕とおくと，(2)式より，

A：(発生した H_2)＝y：0.125＝2：1　　y＝0.250〔mol〕
　　　　物質量比　係数比

(3)式より，

A：(反応した H_2)＝0.250：0.500＝1：x　　x＝2
　　　　物質量比　　係数比

(1)式より，

$$n = 22 - 2x = 22 - 2 \times 2 = 18 \text{ 答}$$

　なお，Aの不飽和結合としては，$C=C$ を2つもつ場合のほかに，$C\equiv C$ を1つもつ場合も考えられるが，H_2 がAの2倍の物質量だけ反応することに変わりはない。

90 第4章　有機化合物の性質

> **POINT** | **分子式決定問題の解法**
>
> 　**手順1**　行っている反応の反応式を，未知数を用いて書く。
> 　〈H原子が2個少なくなるごとに，二重結合または環状構造が1つず
> 　つ増すことも考慮〉
> 　**手順2**　「物質量比＝係数比」の計算により，未知数を算出する。

---

97 ①

解説 ▶　生成物のAは，1価の第一級アルコールを濃硫酸とともに加熱して得られ
る脱水「縮合」生成物だから，以下の反応式で表されるエーテルである。

$$R-CH_2-OH + H-O-CH_2-R \longrightarrow R-CH_2-O-CH_2-R + H_2O$$

　　　1価の第一級アルコール×2　　　　　　　　生成物A

この段階で，Aの構造は選択肢の①と②に絞られる。なお，⑤もエーテルではある
が，$CH_3-\underset{\underset{OH}{|}}{CH}-CH_3$ という第二級アルコールが脱水縮合したものなので題意に合わない。

次に，生成物Aの分子式を C_aH_bO とおいて，燃焼反応後の生成物の量から a と b の
比を決める。

燃焼の反応式：$C_aH_bO \xrightarrow{O_2} a\,CO_2 + \dfrac{b}{2}\,H_2O$ より，

$$CO_2 : H_2O = \underbrace{\frac{132}{44} : \frac{63}{18}}_{\text{mmol の比}} = \underbrace{a : \frac{b}{2}}_{\text{係数比}} \qquad a : b = 3 : 7$$

①，②の分子式はそれぞれ $C_6H_{14}O$，$C_4H_{10}O$ なので，このうち，$a : b = 3 : 7$ を満た
すのは① **答**

98 ④

解説 ▶ 還元作用を示すカルボン酸Bとは，ギ酸のことである。なお，分子内に $-CHO$ と $-COOH$ を別々にもつ物質も，当然還元性を示すが，エステルAはO原子を2個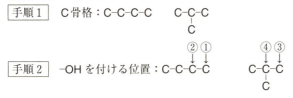
しかもたないので，加水分解生成物の一方であるカルボン酸には，$-COOH$ のほかに官能基は存在しない。

$$C_5H_{10}O_2 + H_2O \longrightarrow HCOOH + R-OH$$
　　エステルA　　　　　　　B（ギ酸）　　アルコールC

両辺の各元素の原子数が等しいことから，Rは C_4H_9 と決まる。C_4H_9OH の構造異性体のうち，アルコールを探せばよい。**90** のPOINTで示した，異性体の探し方の手順に従って探す。

構造異性体は以上の4種類である。

なお，①～④の構造は入試で頻出なので，以下のPOINTはすぐ思い出せるようにしておきたい。

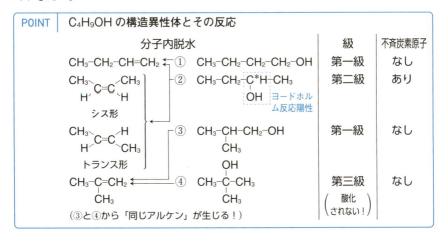

92 第4章　有機化合物の性質

99 ②

解説 ▶ ア，イ，ウについて，各々脱水生成物のアルケンを記すと，

ア　C–C–C–C–C–OH $\xrightarrow{\text{脱水}}$ C–C–C–C=C（<u>1種類</u>）

イ　C–C–C–C–C $\xrightarrow{\text{脱水}}$
　　　　　　　|
　　　　　　OH

$\begin{cases} \text{C–C–C–C=C} \\ \text{C–C}\diagdown_{\text{C=C}}\diagup^{\text{C}} \\ \text{C–C}\diagdown_{\text{C=C}}\diagdown_{\text{C}} \end{cases}$ シス-トランス異性体（<u>3種類</u>）

　　　　　OH
　　　　　|
ウ　C–C–C–C $\xrightarrow{\text{脱水}}$
　　　　　　|
　　　　　　C

$\begin{cases} \text{C–C–C=C} \\ \quad\quad | \\ \quad\quad\text{C} \\ \text{C}\diagdown_{\text{C=C}}\diagup^{\text{C}}\diagdown_{\text{C}} \end{cases}$ シス-トランス異性体なし（<u>2種類</u>）

C–C–C–C=C のように末端に二重結合がある場合は，シス-トランス異性体が生じない。鎖の中ほどに二重結合をもつ分子の場合は，上記のように C=C のまわりを実際の結合角（120°）で表すと，シス-トランス異性体があるかないかがわかりやすい。

100 ④

解説 ▶ 加水分解反応について条件が与えられているので，①〜⑤の加水分解生成物をすべて記してみる。

エステル　　　　　　　カルボン酸　　アルコール

① C–C–C–O–C–C $\xrightarrow{\text{加水分解}}$ C–C–C–OH ＋ HO–CH–H
　　　　‖　　　　　　　　　　　　‖　　　　　　　｜
　　　　O　　　　　　　　　　　　O　　　　　　　CH₃
　　　　　　　　　　　　　　　　　　　　　　ヨードホルム反応陽性

　　　　　　　　　　　　　　　　　　「(反応など)を示す」
　　　　　　　　　　　　　　　　　　という意味

② C–C–O–C–C–C $\xrightarrow{\text{加水分解}}$ C–C–OH ＋ HO–CH₂–CH₂–CH₃
　　‖　　　　　　　　　　　　‖
　　O　　　　　　　　　　　　O

③ C–C–O–C–C $\xrightarrow{\text{加水分解}}$ C–C–OH ＋ HO–CH–CH₃
　　‖　　　｜　　　　　　　　‖　　　　　　　｜
　　O　　　C　　　　　　　　O　　　　　　　CH₃
　　　　　　　　　　　　　　　　　　ヨードホルム反応陽性

④ H–C–O–C–C–C $\xrightarrow{\text{加水分解}}$ H–C–OH ＋ HO–CH–CH₂–CH₃
　　‖　　　｜　　　　　　　　‖　　　　　　｜
　　O　　　C　　　　　　　　O　　　　　　CH₃
　　　　　　　　　　　　銀鏡反応陽性　　ヨードホルム反応陽性

⑤ H–C–O–C–C–C $\xrightarrow{\text{加水分解}}$ H–C–OH ＋ HO–CH₂–CH–CH₃
　　‖　　　｜　　　　　　　　‖　　　　　　　　　｜
　　O　　　C　　　　　　　　O　　　　　　　　　CH₃
　　　　　　　　　　　　銀鏡反応陽性

カルボン酸が銀鏡反応（アンモニア性硝酸銀溶液を還元）陽性で，かつアルコールがヨードホルム反応陽性の条件を満たす選択肢は④ **答**

94 第4章　有機化合物の性質

101 ③と⑤

解説 ▶ ①　炭素-炭素間二重結合 (C=C) を多く含む油脂は，一般に常温で液体である。一方，C=C を含まない油脂は固体である。したがって，C=C の多い液体の油脂に H_2 を付加させると，固体に変わる。<u>正しい</u>。なお，得られた固体の油脂は硬化油とよばれる。

②　C=C を多くもつ油脂は，空気中の O_2 によって酸化されながら C=C 部分どうしを結び付けられ，分子量が大きくなって固体になっていく。<u>正しい</u>。なお，この現象を油脂の乾燥という。

③　油脂 1g をけん化するのに必要なアルカリの量は，油脂の分子量に反比例する。したがって，KOH の質量が多いほど，分子量は小さい。<u>誤り</u>。

$$C_3H_5(OCOR)_3 + 3KOH \longrightarrow C_3H_5(OH)_3 + 3RCOOK$$
　　油脂

$$油脂:KOH = \frac{油脂〔g〕}{油脂の分子量} : \frac{KOH〔g〕}{56（式量）} = 1:3$$
　　　　　　　　物質量比　　　　反比例　　係数比

④　セッケンなどの界面活性剤は，分子内に疎水性の部分と親水性の部分とをあわせもつ。<u>正しい</u>。

⑤　セッケンは弱酸と強塩基の塩なので，水溶液は弱塩基性を示す。<u>誤り</u>。

⑥　セッケンは，水中で疎水基を内側，親水基を外側に向けて多数集合し，ミセルとよばれるコロイド粒子をつくる。油がある場合，油滴を中心にして集合する。これにより油を水に溶かす。この作用を乳化作用という。<u>正しい</u>。なお，セッケンの洗浄作用とは，この乳化作用のことである。

102 a：⑥　b：⑤

解説 ▶ **実験1**では，油脂のアルカリ加水分解 (けん化) を行い，反応後に生成したセッケンを取り出している。一方，**実験2**では，セッケン水 (ア) と合成洗剤 (イ) に各々 Ca^{2+} を加え，沈殿が生じるかどうかを調べている。

a　生成したセッケンは，水中ではミセルとよばれる集合体をつくっている。ミセルは会合コロイドの一種であり，有機質コロイドなので親水コロイドである。親水コロイドを析出させて分離するために，多量の塩 (電解質) を加えて<u>塩析</u>させているのである。

b　セッケンは，Mg^{2+} や Ca^{2+} を多く含む硬水の中では沈殿してしまう。一方，合成洗剤は，この沈殿を生じない。これに当てはまる選択肢は⑤ 答

103 ④と⑤

解説 ▶ ベンゼンの構造式は以下のように表すが，二重結合の位置は固定されておらず，各炭素-炭素間結合は，単結合と二重結合の中間の性質をもつ。

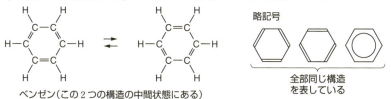

ベンゼン（この2つの構造の中間状態にある）　　全部同じ構造を表している

① ベンゼンなどの炭化水素はすべて無極性分子であり，水には溶けにくい。ベンゼンは常温・常圧で無色の液体で，においがある。<u>正しい</u>。

② 炭素原子から電子対が3方向に伸張するため，結合角は120°となる(120°〈C=120°/120°)。したがって，ベンゼン C_6H_6 の全12原子は，常に同一平面上に存在する。<u>正しい</u>。

③ 炭素-炭素結合は6本とも同じ性質(1.5重結合的)であり，結合距離は等しい。<u>正しい</u>。なお，エタン，ベンゼン，エチレン，アセチレンの炭素-炭素間結合距離は，この順に短くなる。

エタン　　　ベンゼン　　エチレン　　アセチレン
—C—C—　 >C═C<　 >C=C<　 —C≡C—
0.15 nm　　0.14 nm　　0.13 nm　　0.12 nm

④ (o-CH3/CH3) と (CH3/CH3) は同じ分子構造を表している。したがって，(CH3/CH3)(オルト位)，(CH3/CH3)(メタ位)，CH3-〈〉-CH3(パラ位)の3種類である。<u>誤り</u>。

⑤ 炭素-炭素結合は，単結合と二重結合の間の1.5重結合的な状態になっているので，<u>ベンゼン環は簡単には付加反応を行わない</u>。<u>誤り</u>。Cl_2 や Br_2 を付加させるためには，光(紫外線)を当てる必要がある。

参考 水素 H_2 の付加も常圧では起こらない。Ni等の触媒存在下，高圧で H_2 を作用させたときだけ付加する。

⑥ ベンゼン環は上記のとおり付加反応を行いにくく，むしろH原子が他の原子(団)と置き換わる置換反応を行いやすい。ベンゼンに濃硝酸と濃硫酸の混合物(混酸)を作用させると，HNO_3 と反応して淡黄色の液体であるニトロベンゼン〈〉-NO2を生成する。このとき，C-Hが切断され，新たにC-N結合ができる。<u>正しい</u>。

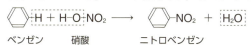

ベンゼン　　硝酸　　　　ニトロベンゼン

96 第4章　有機化合物の性質

104　a：④　b：④

解説▶　**a**　ベンゼン環を 2 本腕 $-\langle\bigcirc\rangle-$（$-C_6H_4-$）の形で分子式から引いてみると，

$$\frac{C_7H_7Cl}{-\rangle-C_6H_4-\left(-\langle\bigcirc\rangle-\right)}$$

$$CH_3Cl \left(H-\underset{H}{\overset{H}{C}}-Cl \right)$$

この分子は，$-\langle\bigcirc\rangle-$ を $H-\underset{H}{\overset{H}{C}}-Cl$ のどこかの結合に挿入したものであるとわかる。

ただし，パラ位以外に，オルト位やメタ位も考えられる。これらをすべて記すと，

②H①
$H-\overset{|}{\underset{H}{C}}-Cl$　　─〈◯〉─挿入位置

① $CH_3-\langle\bigcirc\rangle-Cl$　　$\underset{CH_3}{\langle\bigcirc\rangle}{-}Cl$　　$\overset{Cl}{\underset{CH_3}{\langle\bigcirc\rangle}}$

② $\langle\bigcirc\rangle-CH_2-Cl$

となり，計 4 種類あることがわかる。

b　クロロベンゼン $\langle\bigcirc\rangle-Cl$ の H 原子 2 個を $-CH_3$ 2 個に置き換える。結局，$\langle\bigcirc\rangle$ に $-CH_3$ 2 個と $-Cl$ 1 個を取り付けた物質を探せばよい。

①〜⑥：$-Cl$ の取り付け位置

① $\underset{CH_3}{\overset{CH_3}{\langle\bigcirc\rangle}}$　　④⑤$\langle\bigcirc\rangle$③ $\overset{CH_3}{\underset{CH_3}{}}$　　⑥ $\overset{CH_3}{\underset{CH_3}{\langle\bigcirc\rangle}}$

① $\overset{Cl}{\underset{CH_3}{\langle\bigcirc\rangle}}{-}CH_3$　　② $Cl-\underset{CH_3}{\langle\bigcirc\rangle}{-}CH_3$　　③ $\underset{Cl}{\overset{CH_3}{\langle\bigcirc\rangle}}{-}CH_3$

④ $\overset{Cl}{\langle\bigcirc\rangle}{-}\overset{CH_3}{\underset{CH_3}{}}$　　⑤ $Cl-\langle\bigcirc\rangle{-}\overset{CH_3}{\underset{CH_3}{}}$　　⑥ $\overset{CH_3}{\underset{CH_3}{\langle\bigcirc\rangle}}{-}Cl$

となり，計 6 種類あることがわかる。

このように，芳香族化合物の異性体を探す場合は，ベンゼン環 $\langle\bigcirc\rangle$ に何を取り付ければよいのかと考えるとよい。何か 1 つ構造の例が見つかったら，そこからブロ

ックを組み替えるように原子(団)の位置を動かしていけばよい。H原子は枝分かれの有無や $\bigcirc$ に付く置換基の数では変わらない。二重結合と環状構造の総和のみによって変わる。たとえば，**a** の①と②は，$\bigcirc$ に付く置換基の数 (一置換か二置換か) が違うが，H原子の数は変わらない。よって，途中はH原子の数を気にせずに原子(団)を組み替えて考えればよい。

105 ④

解説▶ アルコールと違い，ベンゼン環 $\bigcirc$ にヒドロキシ基 –OH が直結した物質 (フェノール類) は弱酸性を示す。また，塩化鉄(Ⅲ) $FeCl_3$ 水溶液を加えると，紫色に呈色する。フェノール類の酸性は炭酸よりも弱いので，炭酸水素ナトリウム $NaHCO_3$ とは反応を行わない。

一方，カルボン酸 R–COOH の酸性は炭酸よりも強いので，$NaHCO_3$ 水溶液に加えると，CO_2 の泡を発してナトリウム塩 R–COONa に変化し，水溶液に溶ける。

$$R\text{–}COOH + NaHCO_3 \longrightarrow R\text{–}COONa + H_2O + CO_2$$

① フェノール (融点 41 ℃) もサリチル酸 (融点 159 ℃) も，常温・常圧で固体である。
② 水酸化ナトリウム水溶液には，両方とも塩となって溶ける。

$$\bigcirc\text{–}OH + NaOH \longrightarrow \bigcirc\text{–}ONa + H_2O$$

$$\bigcirc\genfrac{}{}{0pt}{}{OH}{COOH} + 2NaOH \longrightarrow \bigcirc\genfrac{}{}{0pt}{}{ONa}{COONa} + 2H_2O$$

③ 両方ともベンゼン環に直結したヒドロキシ基 –OH をもつので，$FeCl_3$ 水溶液の添加により呈色する。

④ フェノール $\bigcirc$–OH は $NaHCO_3$ と反応しないが，カルボキシ基をもつサリチル

酸 $\bigcirc\genfrac{}{}{0pt}{}{OH}{COOH}$ は，–COOH 部分が $NaHCO_3$ と反応することにより，CO_2 の泡を発して水溶液に溶ける。よって，これが正しい。

$$\bigcirc\genfrac{}{}{0pt}{}{OH}{COOH} + NaHCO_3 \xrightarrow{\text{弱酸の遊離}} \bigcirc\genfrac{}{}{0pt}{}{OH}{COONa} + H_2O + CO_2$$

サリチル酸

⑤ ヒドロキシ基 –OH，カルボキシ基 –COOH とも，Na と反応して H_2 を発生する。
⑥ ヒドロキシ基 –OH は，無水酢酸と反応してエステルを生成する。

$$\bigcirc\text{–}OH + (CH_3CO)_2O \longrightarrow \bigcirc\text{–}OCOCH_3 + CH_3COOH$$

$$\bigcirc\genfrac{}{}{0pt}{}{OH}{COOH} + (CH_3CO)_2O \longrightarrow \bigcirc\genfrac{}{}{0pt}{}{OCOCH_3}{COOH} + CH_3COOH$$

106 a : ⑤ b : ②

解説 ▶ ベンゼンからクメンヒドロペルオキシドを経由して得られる C はフェノール ◯-OH，E はアセトン CH₃-C-CH₃ である。この工業的なフェノール，アセトン
                                                                              ‖
                                                                              O
の製法を**クメン法**という。

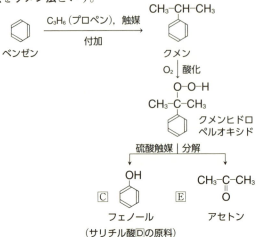

また，ベンゼンスルホン酸 A やクロロベンゼン B からも，フェノールをつくることができる。

フェノール C からサリチル酸 D を合成する経路は以下のとおりである。

a ア A のスルホ基 −SO₃H のほうが，D のカルボキシ基 −COOH よりも酸性が強い。誤り。
  イ，ウ 上記より正しい。
b 上記より，化合物 E はアセトンである。

107 a：② b：④

解説 ▶ この実験では，ニトロベンゼン ⟨benzene⟩-NO₂ をスズ Sn で還元している。⟨benzene⟩-NO₂ が酸化剤，Sn が還元剤である。生成するアニリン ⟨benzene⟩-NH₂ はアニリン塩酸塩 ⟨benzene⟩-NH₃Cl の形で得られる。NaOH 水溶液を加えると，弱塩基遊離反応により ⟨benzene⟩-NH₂ になる。

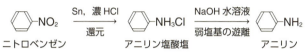

a ① ニトロベンゼンは淡黄色の液体である。水や濃塩酸に加えると，溶けずに底に沈む。正しい。なお，混酸（濃硫酸と濃硝酸の混合物）には浮くので気をつけたい。
② 上記のとおり，スズは還元剤としてはたらいている。誤り。
③ 生成したアニリンは，**操作3**のはじめの段階ではアニリン塩酸塩となって水溶液に溶けている。したがって，全体が均一な水溶液になっている。正しい。
④ ジエチルエーテルなどの多くの有機溶媒は水より軽い。さらに，ジエチルエーテルは水に溶けにくいので，水の上部に分離する。正しい。
⑤ ジエチルエーテルの沸点は34℃と低い。つまり，揮発性（蒸発する性質）が高い。したがって，抽出後にエーテル溶液を温めれば，容易にエーテルを蒸発除去できる。正しい。

b ① アニリンは酸化されやすく，空気中の酸素によっても徐々に酸化され，無色から褐色に変化していく。正しい。
② アニリンはさらし粉によって酸化されると，赤紫色に呈色する。正しい。
③ アニリンなどのアミノ基 $-NH_2$ をもつアミンは，酢酸などのカルボン酸と加熱下で反応し，アミド結合 $\begin{pmatrix} -N-C- \\ |\| \\ HO \end{pmatrix}$ を生じる。正しい。

⟨benzene⟩-N-H + HO-C-CH₃ →[縮合] ⟨benzene⟩-N-C-CH₃ + H₂O
　　　　　|　　　　　‖　　　　　　　　　　　　　|　‖
　　　　　H　　　　　O　　　　　　　　　　　　　H　O
　　アニリン　　　酢酸　　　　　　　　アセトアニリド

なお，酢酸のかわりに無水酢酸を作用させれば，常温で容易にアミドをつくることができる。

⟨benzene⟩-N-H + (CH₃CO)₂O → ⟨benzene⟩-N-C-CH₃ + CH₃-C-OH
　　　　　|　　　　　　　　　　　　　　　　　　|　‖　　　　　　　‖
　　　　　H　　　無水酢酸　　　　　　　　　　　H　O　　　　　　　O

④ アニリンは，硫酸酸性の二クロム酸カリウム水溶液によって酸化されると，黒色に変化する。白色ではない。誤り。

⑤ アニリンは，0〜5℃の低温で以下のようなジアゾ化を行う。正しい。

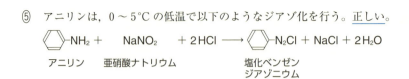

108 a：③ b：⑥

解説 この実験では，以下の反応が起こる。

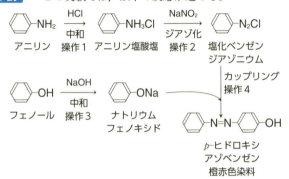

a ①，②，④，⑤ 上図より正しい。

③ 操作2で生じる物質とは，塩化ベンゼンジアゾニウム ◯-N₂Cl である。この物質では，5℃以上に加温すると以下のように分解してフェノール ◯-OH を生じるが，このとき発生する気体は酸素ではなく窒素である。誤り。

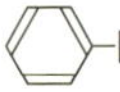

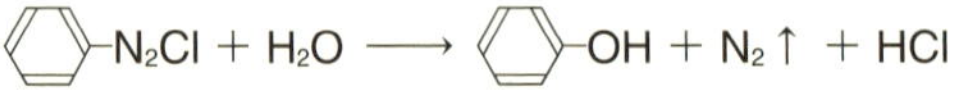

◯-N₂Cl + H₂O ⟶ ◯-OH + N₂↑ + HCl

なお，操作2で氷水を用いるのは，生成する  ◯-N₂Cl がフェノールに分解されないようにするためである。

b 上図より，最も適当な選択肢は⑥ 答

109 ⑥

解説 ▶ 一般に，ベンゼン環 ◯ のような大きな疎水基をもつ有機化合物は，–OH や –COOH といった極性の大きな官能基をもっていても，分子全体として疎水性である。このような物質は，水よりも有機溶媒のほうに溶ける。しかし，中和されて塩となると，有機化合物であっても水に溶ける。塩はイオン結晶だからである。

ア　トルエン ◯–CH₃ は中性物質であり，塩をつくることはない。常にジエチルエーテル層に溶ける。一方，フェノール ◯–OH は炭酸よりも弱い酸であり，炭酸水素ナトリウム NaHCO₃ とは反応しないが，強塩基の水酸化ナトリウム NaOH とは反応し，塩となって水層に溶ける。よって，水酸化ナトリウム水溶液を加えればよい。

イ　ニトロベンゼン ◯–NO₂ は中性物質であり，常にジエチルエーテル層に溶ける。一方，アニリン ◯–NH₂ は弱塩基性の物質であり，強酸の塩酸とは反応し，塩となって水層に溶ける。よって，希塩酸を加えればよい。

第4章　有機化合物の性質

102　第4章　有機化合物の性質

110　問1　④　　問2　①　　問3　⑤

解説 ▶　**問1**　エタノールに濃硫酸を加えて約 160℃ に加熱すると，以下の反応が起こり，気体のエチレンが生じる。

$$C_2H_5OH \longrightarrow C_2H_4 + H_2O$$

エタノールから失われるのは水，反応の種類は脱離（または分子内脱水）である。また，生成したエチレン C_2H_4 に対して，臭素は付加反応を行う。

問2　図の空瓶は，水槽の水がフラスコ内に逆流するのを防ぐ目的で取り付けている。加熱を弱めると，フラスコ中のエタノールの蒸気圧が下がり，フラスコ内が減圧してしまう。このため水槽の水がフラスコ内に逆流するのだが，空瓶が取り付けてあれば，水が空瓶に逆流するまでの間にガラス管を水槽から取り出すなどして，フラスコに水が流入するのを防ぐことができる。このような役割をする空瓶を一般にトラップという。

なお，もしも水がフラスコ内に逆流してしまったら，濃硫酸が薄まって反応が起こらなくなるばかりでなく，加熱されているフラスコが急冷されてフラスコが破損したり，逆に濃硫酸の溶解熱が急激に発生してエタノールが急激に蒸発し，フラスコが破裂したりするなどの事態が起こりうる。

問3　エタノールに濃硫酸を加え，160℃ ではなく約 130℃ に加熱すると，以下の反応が起こり，ジエチルエーテルが生じる。

$$2C_2H_5OH \longrightarrow C_2H_5OC_2H_5 + H_2O$$

📎 この問題のねらい

　共通テストの「化学」では，実験を題材にした問題が出題されやすいと考えられる。有機化学では一連の実験に複数の反応が関係することが多く，その内容を把握するには正確な知識が欠かせない。この問題は，エタノールの分子内脱水と分子間脱水が同じ装置と反応物質で起こり，温度の違いのみで，起こる反応が異なることに気づけるか，また，実験装置に用いられるトラップの役割がわかるかどうかを試している。

111 問1 ① 問2 ② 問3 ④

解説 ▶ **問2** この反応では，(1)式の反応で生じたⅣが不安定なエノール($-\underset{|}{C}=\underset{|}{C}-OH$)であり，(2)式の反応が直ちに起こることにより除かれる。ルシャトリエの原理より，除かれたⅣを再び生成する右向きに(1)式の平衡が移動し続け，最後には原料のⅠまたはⅡが完全に消費される。以上のことから，当てはまる選択肢は②**答**

> **POINT** 生成物の１つが別の反応を行って消費されると，平衡は新たに生成物を生じる方向に移動する。
>
> $$\text{I} + \text{II} \underset{平衡移動}{\rightleftarrows} \text{III} + \text{IV}$$
>
> ↓ 別の反応を行って消費される

問3 残ったアルコールⅠ  の鏡像異性体である が(1)式の

反応を行い，エステル に変化する。ところが，選択肢にまったく同じ描き方をしたものがない。同じ分子でも，分子を見る角度を変えたり，結合手を回転させたりすると，右に見えるか左に見えるかといった投影の位置関係が変わってしまうからである。

そこで，上記の表記で表される分子の結合手を回転させて投影し直すことにより，上記と同じ立体構造を表しているものを探す。結合を回転させて（ねじって）投影し直した表記の例を以下に示す。

上記は，中央のC原子から左下に伸びる結合を回転させたもので，いずれも同一物である。上記の表記と選択肢の表記を比べると，C原子の左下にC_6H_5の置換基があることが共通している。そこで，左下に伸びる結合を回転させた構造を次のページに描いてみる。

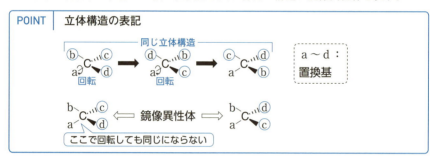

右端の表記Cが④に一致する。以上より，当てはまる選択肢は④ **答**

なお，①は上記のBの表記の右側を前後入れ替えたもの，②はAの右側を前後入れ替えたもの，③はCの右側を前後入れ替えたものなので，いずれも上記で示した化合物の鏡像異性体であるとわかる。このように，1本の結合手を固定し，他の3個の置換基を，ハンドルを回すように順送りした構造は同じ立体構造を表すが，同じC原子に結合する任意の2個の置換基を入れ替えた構造は鏡像異性体を表す。

POINT　立体構造の表記

この問題のねらい

　光学分割とエステル交換反応という目新しい題材・反応を取り上げ，これを説明する文章をどれだけ正確に読み取れるかを試す問題。読解には，有機化合物の反応や鏡像異性体，酵素の性質，ルシャトリエの原理といった広範な知識が必要になるが，教科書の知識があれば思考できる構成になっている。共通テストでも，このような読解・思考型の問題がよく出題されるであろう。

112 問1 ⑥ 問2 ② 問3 ④

[解説] ▶ **問1** アルコールはカルボキシ基と反応するので，以下の反応式となる。

$$\underset{\text{COOH, OH}}{\bigcirc} + CH_3OH \longrightarrow \boxed{\underset{\text{COOCH}_3, \text{OH}}{\bigcirc}} + H_2O$$

試験管中の溶液には，未反応のサリチル酸 $\underset{\text{COOH, OH}}{\bigcirc}$，メタノール CH_3OH，生成し

たサリチル酸メチル $\underset{\text{COOCH}_3, \text{OH}}{\bigcirc}$，水，硫酸が存在する。ここからサリチル酸メチルの

みを取り出すために，反応液を<u>炭酸水素ナトリウム $NaHCO_3$ 水溶液に加える</u>。サ
リチル酸は，炭酸よりも酸性が強いカルボキシ基 –COOH をもつので，下式のよう
に反応して水に溶ける塩に変わる。

$$\underset{\text{COOH, OH}}{\bigcirc} + NaHCO_3 \longrightarrow \underset{\text{COONa, OH}}{\bigcirc} + H_2O + CO_2$$

油層に溶ける   水層に溶ける

このとき，–COOH をもたないサリチル酸メチルは $NaHCO_3$ と反応せず，唯一油
層に残る。

なお，$NaHCO_3$ 水溶液のかわりに $NaOH$ 水溶液を使うと，ベンゼン環に直結した
–OH とカルボキシル基 –COOH をもつサリチル酸は，塩となって水に溶ける。さら
に，サリチル酸メチルまでもが次のように塩となって水に溶けてしまい，サリチル
酸とサリチル酸メチルを分離できなくなるので不適である。

$$\underset{\text{COOCH}_3, \text{OH}}{\bigcirc} + NaOH \longrightarrow \underset{\text{COOCH}_3, \text{ONa}}{\bigcirc} + H_2O$$

問2 ガラス管は，<u>蒸発した蒸気（メタノールや水蒸気）をガラス管中で空気冷却し，
凝縮させて反応液に戻すために</u>取り付ける。このようにすることで，揮発性物質の
散逸を抑えることができる。

問3 油層（油滴）を直接集められない場合は，有機溶媒による抽出を行う。具体的
には，<u>ビーカーの内容物を分液漏斗に移し，エーテルなどの有機溶媒を加えて振り
混ぜ，静置すると，ジエチルエーテルなどの多くの有機溶媒は水に浮き，上層とな
る。これを蒸発皿に入れて溶媒を蒸発させることで，A が得られる</u>。ジエチルエー
テルなどの有機溶媒が上層に分離されるのは，水よりも軽く，かつ水と混ざり合わ
ないためである。

106 第4章　有機化合物の性質

この問題のねらい

　サリチル酸メチルの合成を題材に，エステル化反応の実験操作を理解できているかどうかを試す問題。問1では反応の知識を，問2では実験装置の還流冷却器の役割を，問3では反応に引き続いて行われる分離の操作についての知識を問うている。読解・思考型の問題とは言えないかもしれないが，知識と実験操作が結びつかないと答えられない，共通テストならではの問題といえる。

113 問1 ④   問2 ⑥   問3 ④

解説 ▶ **問1** フェノールを水酸化ナトリウム水溶液で中和して生じるナトリウムフェノキシド ⌬-ONa（化合物 A）に，高温・高圧で二酸化炭素を作用させる（操作ア）と，いったんサリチル酸ナトリウム ⌬(OH)(COONa) が生じる。これに希硫酸を加えれば，弱酸遊離反応によってサリチル酸 ⌬(OH)(COOH)（化合物 B）が生じる。サリチル酸を無水酢酸と反応させてアセチル化する（操作イ）と，アセチルサリチル酸 ⌬(OCOCH₃)(COOH) が生じる。

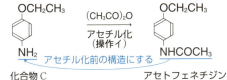

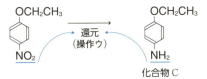
アセチルサリチル酸

問2・問3 まず，操作ウをつきとめるために，アセトフェネチジン合成を考える。操作イはアセチル化だったから，化合物 C はアセチル化前の構造である。

⌬(OCH₂CH₃)(NH₂) →(CH₃CO)₂O／アセチル化（操作イ）→ ⌬(OCH₂CH₃)(NHCOCH₃)
← アセチル化前の構造にする
化合物 C   アセトフェネチジン

これを反応前の構造と比べれば，操作ウはニトロ基 -NO₂ の還元反応とわかる。

⌬(OCH₂CH₃)(NO₂) →還元（操作ウ）→ ⌬(OCH₂CH₃)(NH₂)
                               化合物 C

操作ウが -NO₂ の還元とわかったので，ベンゾカイン合成の操作エはメチル基 -CH₃ をカルボキシ基 -COOH に変える酸化反応，操作オは，生じた -COOH をエチルエステル -COOCH₂CH₃ に変えるエステル化だとわかる。

この問題のねらい

　高校化学で習う有機反応を生かした，医薬品の合成経路に関する出題である。とくに②，③では，有機反応を物質の変化で覚えるのではなく，部分構造の変化で理解できているかどうかが問われている。つまり，「エタノールからアセトアルデヒドが生じる」と覚えるだけでなく，「第一級アルコールからアルデヒドが生じる」と一般化できているかどうかを試している。目新しい物質を扱っているが，反応の意味を理解していれば思考することができる。

114 問1 ⑥ 問2 ③

解説 ▶ 問1 フェノール ⟨◯⟩—OH に過剰量の臭素 Br_2 を作用させれば，以下の反応式に従って 2,4,6-トリブロモフェノール（以降Pとする）が生成する。

⟨◯⟩—OH + 3Br_2 ⟶ Br—⟨◯⟩(Br)(Br)—OH + 3HBr

フェノール　　臭素　　　2,4,6-トリブロモフェノール(P)

Pの分子式は $C_6H_3Br_3O$ である。Brの同位体を区別してP1〜P4とおくと，その分子式，分子量の存在比（割合）は以下のようになる。

	分子式	分子量	存在比（割合）
P1	$C_6H_3{}^{79}Br_3O$	328	$\left(\frac{1}{2}\right)^3 = \frac{1}{8}$
P2	$C_6H_3{}^{79}Br_2{}^{81}BrO$	330	$\left(\frac{1}{2}\right)^2 \times \frac{1}{2} \times 3 = \frac{3}{8}$
P3	$C_6H_3{}^{79}Br{}^{81}Br_2O$	332	$\frac{1}{2} \times \left(\frac{1}{2}\right)^2 \times 3 = \frac{3}{8}$
P4	$C_6H_3{}^{81}Br_3O$	334	$\left(\frac{1}{2}\right)^3 = \frac{1}{8}$

^{79}Br と ^{81}Br の存在比（割合）は，ほぼ $\frac{1}{2}$（50%）とみなすことができた。P2，P3については，Br 3原子の取り出し方が各々3通りあるので，（P2の場合，^{81}Br を最初に取り出すか，2番目に取り出すか，3番目に取り出すかで，3通りの取り出し方）3倍する必要がある。数学の確率で，赤玉2個と青玉1個を取り出す確率を求めるのと同様である。

結局，分子量順に4種の分子が1:3:3:1の存在比で生成するとわかる。
これに当てはまるグラフは ⑥ **答**

問2 ヨウ素Iには同位体が存在しないが，臭素Brには ^{79}Br と ^{81}Br の2種の同位体がほぼ1:1の存在比で存在する。

生成物の質量スペクトルが，相対質量2の差の2種類の物質がほぼ1:1の存在比で得られているから，生成物にはBr原子が残っているとわかる。これより，反応はBrではなくI原子のところで下式のように起こったとわかる。

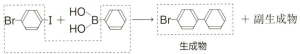
生成物

以上のことから，当てはまる選択肢は ③ **答**

第4章 有機化合物の性質

この問題のねらい

　日本人のノーベル化学賞受賞者の研究内容にちなんだ題材を取り上げ，読解力・思考力を試した問題。質量スペクトルは，2002年の田中耕一氏の研究で使われた測定法，クロスカップリング反応は，2010年の鈴木章，根岸英一両氏の研究内容である。これらに同位体の知識までを合わせて，有機反応の結果を解析する内容である。共通テストで出題するにはかなり高度な問題だが，読解力・思考力を高める目的で取り上げた。

115 問1 ⑤　問2 ③　問3 ⑥

解説 ▶ **問1**　塩基性のアミノ基 −NH₂ をもつ有機化合物は，塩酸には塩となって溶解する。生成物のXが塩酸に溶けないことから，最初の実験で −NH₂ はアセチル化されて消失していることがわかる。しかし，生成物はアセトアミノフェンではないのだから，もう1つの官能基 −OH もアセチル化されてしまったことがわかる。

一方，水を添加した次の実験で得られた生成物Yは，アセトアミノフェンである。

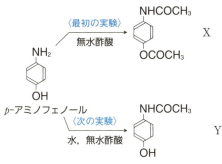

ベンゼン環直結の −NH₂ をもつ物質は，さらし粉を加えると赤紫色に呈色する。一方，ベンゼン環直結の −OH（フェノール性ヒドロキシ基）をもつ物質は，塩化鉄(Ⅲ)を加えると紫色に呈色する。

したがって，Xは両方の呈色を示さないが，Yは塩化鉄(Ⅲ)による呈色だけは示す。

問2　示された反応式の係数比より，理論的には，用いた p-アミノフェノールと同物質量のアセトアミノフェンが得られるはずである。その物質量を x〔mol〕とおくと，

$$(p\text{-アミノフェノール}) : (\text{アセトアミノフェン}) = \frac{2.18}{109} : x = 1 : 1$$

　　　　　　　　　　　　　　　　　　　　　物質量比　係数比

$x = 2.0 \times 10^{-2}$〔mol〕

実際には，用いた原料が完全には反応しなかったり，別の反応を起こしたり，分離精製の過程で失われたりする。この実験で実際に得られたアセトアミノフェンの物質量は，

$$\frac{1.51}{151} = 1.0 \times 10^{-2} \text{〔mol〕}$$

与式より，

$$収率〔\%〕 = \frac{1.0 \times 10^{-2}}{2.0 \times 10^{-2}} \times 100 = 50 \text{〔\%〕} \text{答}$$

112   第4章　有機化合物の性質

問3　固体が不純物を含んでいると，その融点（凝固点）は低下する。これは凝固点降下が起こるからである。精製を行い純粋な固体とすれば，本来の融点を示すようになる。ここでは高温の溶媒に溶かしておいてから冷却し，析出した結晶を取り出していることから，再結晶によって精製していることがわかる。

この問題のねらい

　　課題研究に関する出題である。物質の性質について研究する過程を示した文を読解し，その内容に関する設問に答えることによって，課題研究の進め方を理解しているかどうかを試している。予想外の実験結果が得られることに対する対処など，通常の問題には見られない構成になっており，起こっていることが正確に認識できているかどうかが問われている。

第5章 高分子化合物の性質

116 ①と⑤

解説 ▶ ①, ② グルコースは, 水中で以下の3種類の異性体を生じ, 平衡状態となる。鎖状構造は4個の不斉炭素原子をもつが, 環状構造の α-グルコースと β-グルコースは, いずれも5個の不斉炭素原子をもつ。よって, ①は誤り。

α-グルコースと β-グルコースは, 1位の炭素原子のまわりの立体構造のみが異なる立体異性体である。よって, ②は正しい。参考までに, 鎖状構造と環状構造とは構造異性体の関係にある。

*は不斉炭素原子

α-グルコース   鎖状グルコース   β-グルコース

グルコース $C_6H_{12}O_6$ の構造（水中では置き換わる）

③ フルクトースは, 以下のような構造をとり, グルコースと同様, 水中では互いに構造が置き換わる。分子式は, グルコースと同じ $C_6H_{12}O_6$ なので, グルコースと異性体の関係にある。原子の結合順序がグルコースと異なるので, 3種いずれもグルコースの構造異性体である。正しい。参考までに, 鎖状構造を見れば, 3～6位の構造はグルコースと等しいことがわかる。

五員環 β-フルクトース   六員環 β-フルクトース

鎖状フルクトース

④ 糖類どうしの縮合は，アルコール性 -OH どうしでは行われない。少なくとも一方が，ヘミアセタール構造 $\left(-\overset{|}{\underset{|}{C}}-O-\overset{|}{\underset{|}{C}}-OH\right)$ である必要がある。この構造は，環状グルコースの1位，環状フルクトースの2位に存在する。したがって，グルコースどうしが縮合するときは，常に1位の -OH と相手の分子の -OH (何位でもよい)とが縮合する。こうしてできた結合 $\left(-\overset{|}{\underset{|}{C}}-O-\overset{|}{\underset{|}{C}}-O-\overset{|}{\underset{|}{C}}-\right)$ を，一般にはアセタール構造とよび，糖類がつくるアセタール構造のことをとくにグリコシド結合という。<u>正しい</u>。

⑤ ラクトース1分子の加水分解では，グルコースとガラクトースが各1分子得られる。<u>誤り</u>。

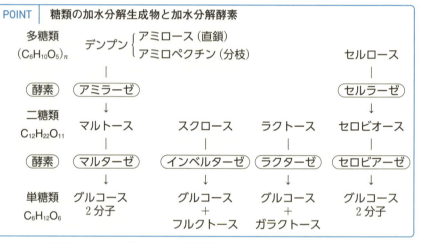

上の POINT 中で，ヨウ素デンプン反応を行うのはデンプン (アミロース，アミロペクチン) である。セルロースは行わない。還元性を示し，銀鏡反応やフェーリング液還元反応を行うのは，すべての単糖類と，**スクロースを除く二糖類**である。

⑥ スクロースの加水分解で生成するグルコースとフルクトースの等量混合物のことを，転化糖という。反応前のスクロースは還元性を示さないが，反応後のグルコースとフルクトースは，いずれも還元性を示す。<u>正しい</u>。

117 ②と⑥

解説▶ ① 高分子化合物は，分子1個の大きさがすでにコロイドの大きさになっている。これを分子コロイドとよぶ。高分子の溶液はコロイド溶液である。正しい。
② アミロースは直鎖構造で，アミロペクチンのほうが枝分かれ構造である。誤り。両者ともデンプンの一種で，α-グルコースの縮合重合体である。
③ α-グルコースの縮合重合体は，ヨウ素デンプン反応を示す。アミロース，アミロペクチン，そしてグリコーゲンもヨウ素で呈色する。正しい。一方，セルロースはβ-グルコースの縮合重合体であり，ヨウ素デンプン反応を行わない。
④ グリコーゲンは，動物の肝臓中で生じるα-グルコースの縮合重合体で，アミロペクチンよりも枝分かれが多い。正しい。
⑤ セルロースを特殊な溶媒に溶かし，細孔から再生液に押し出すことによって，再生繊維（レーヨン）ができる。正しい。
⑥ 綿の主成分はセルロースである。誤り。

118 ③

解説▶ 高分子の計算は，繰り返し単位の物質量が，反応前後で変わらないことに着目して解く。セルロース中のグルコース単位と，最終的に生成するジアセチルセルロース中の繰り返し単位で，物質量が等しいという式をたてる。

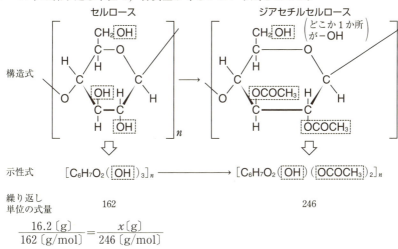

これを解いて，$x = 24.6 \text{ (g)}$ **答**

116 第5章　高分子化合物の性質

　なお，アセチル化（–OH ⟶ –OCOCH₃）を1か所受けるごとに，式量が42だけ大きくなることがわかっていれば，ジアセチルセルロースの繰り返し単位の式量は162＋42×2＝246　と簡単に算出できる。転じて，アセチル化が何か所起こっているかわからないときは，1つの繰り返し単位に a か所起こっているとして，式量を162＋42a とし，上式の要領で a を算出すればよい。

119 ④

解説 ▶ タンパク質は主にポリペプチドからなり，ポリペプチドは α-アミノ酸の縮合重合体である。代表的な α-アミノ酸の特徴と検出反応は把握しておきたい。

POINT

$$\alpha\text{-アミノ酸：H}_2\text{N–CH–COOH}$$
（R は CH の上に結合）

	R の構造	特徴，検出反応
グリシン	–H	不斉炭素原子をもたない
アラニン	–CH₃	
フェニルアラニン	–CH₂–⟨C₆H₅⟩	キサントプロテイン反応を行う（濃硝酸を加えて加熱すると黄色に呈色）
チロシン	–CH₂–⟨C₆H₄⟩–OH	
システイン	–CH₂–SH	酢酸鉛（Ⅱ）を加えると黒変
アスパラギン酸	–CH₂–COOH	等電点を酸性側にもつ。pH＝7 付近で電気泳動を行うと陽極側に移動
グルタミン酸	–(CH₂)₂–COOH	
リシン	–(CH₂)₄–NH₂	等電点を塩基性側にもつ。pH＝7 付近で電気泳動を行うと陰極側に移動

　実験1より，フェニルアラニンまたは<u>チロシン</u>が存在するとわかり，**実験2**より，<u>システイン</u>も存在することがわかる。

120 ③

解説 ▶ ① 加水分解により α-アミノ酸のみを生じるタンパク質を単純タンパク質，それ以外の物質も同時に生じるタンパク質を複合タンパク質とよぶ。正しい。

② タンパク質は，水に溶けやすい球状タンパク質と，溶けにくい繊維状タンパク質に分類できる。球状タンパク質は，分子自身がコロイドの大きさなので（分子コロイド），その溶液はコロイド溶液である。正しい。一般に，タンパク質，多糖類などの水溶性の高分子化合物は，分子コロイドとなる。

③ タンパク質の**一次構造**とは，ペプチド結合（共有結合の1つ）によって α-アミノ酸が結び付くときの，アミノ酸の結合順序（配列順序）を指す。水素結合は，タンパク質分子が，α-ヘリックス構造や β-シート構造といった基本的な立体構造をつくるときに，ペプチド結合間に形成されるもので，この構造は**二次構造**とよばれる。誤り。

④ システインの側鎖どうしが酸化され結び付くと，ジスルフィド結合ができる。正しい。

$$-SH + HS- \xrightarrow{\text{酸化}} -S\text{-}S-$$

このように，タンパク質を構成する α-アミノ酸の側鎖どうしがジスルフィド結合（共有結合），イオン結合，ファンデルワールス力などで結び付くと，さらに複雑な立体構造ができる。これをタンパク質の**三次構造**という。

⑤ タンパク質の変性とは，ペプチド結合が切断されるのではなく，水素結合などが切断されて立体構造が変化することによる。正しい。

⑥ タンパク質でできた触媒を酵素という。タンパク質が変性する条件では失活してしまうため，最適温度や最適 pH をもつが，最適 pH は酵素によって違う。たとえば，胃ではたらくペプシンは最適 pH を pH=2 付近にもつ。正しい。

121 ③と④

解説 ▶ ① 核酸は，単量体のヌクレオチドが縮合重合してできる高分子化合物である。正しい。ヌクレオチドは，糖に塩基とリン酸が縮合してできる。
② 核酸塩基には，プリン塩基（五員環と六員環をもつ）と，ピリミジン塩基（六員環のみをもつ）に大別されるが，いずれも環状構造の中に窒素原子を含む。正しい。
③ 核酸中に，塩基とリン酸が直接結合する部分はない。両者は糖（デオキシリボースやリボース）を介して結合している。誤り。
④ DNAの二重らせん構造では，塩基どうしが水素結合を形成している。誤り。アデニン〔A〕はチミン〔T〕と2本の水素結合で結び付き，グアニン〔G〕はシトシン〔C〕と3本の水素結合で結び付く。
⑤ DNAを構成する糖はデオキシリボース。RNAの糖はリボースである。どちらも五炭糖だが，-OH の数が違う。正しい。

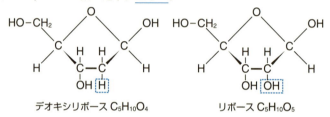

⑥ アデニン〔A〕，グアニン〔G〕，シトシン〔C〕の3種の塩基は，DNAにもRNAにも共通して含まれる。正しい。4種目の塩基は，DNAではチミン〔T〕，RNAではウラシル〔U〕で異なる。ウラシルは，チミンのメチル基 -CH₃ を水素原子 -H に変えたものである。

122 ③

解説 ▶ DNA の塩基どうしの水素結合を行う部分構造は、以下の3種のみである。与えられた構造に $\delta+$、$\delta-$ を付していけば、うまく異符号どうしで組み合わさるかどうかがわかる。異符号を組み合わせれば、H 原子をはさんで陰性原子がつながる水素結合が完成する。

―― DNA 中で水素結合を行う部分構造 ――

$$\underset{\delta+}{N\text{–}H}\qquad\underset{\delta-}{N}\qquad\underset{\delta-}{C=O}$$

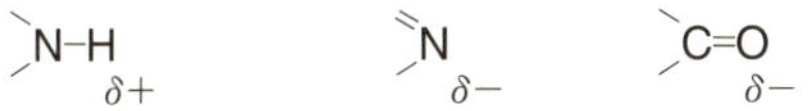

（N 原子に結合したH 原子）（H が結合していないN 原子）（O 原子）

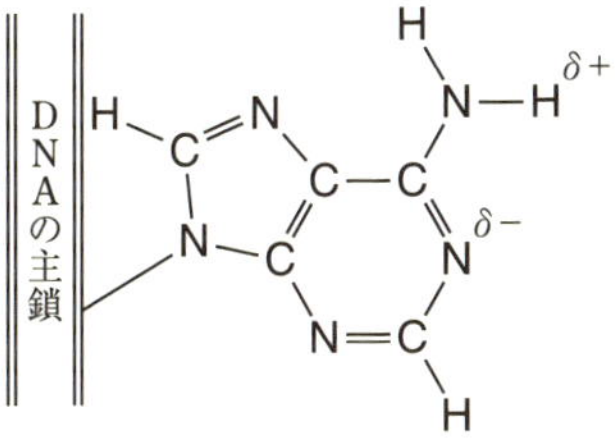

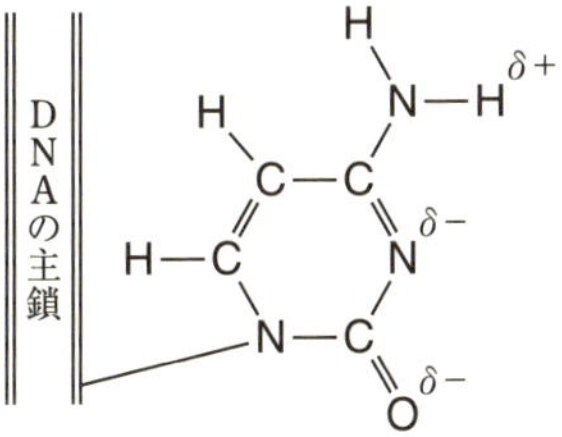

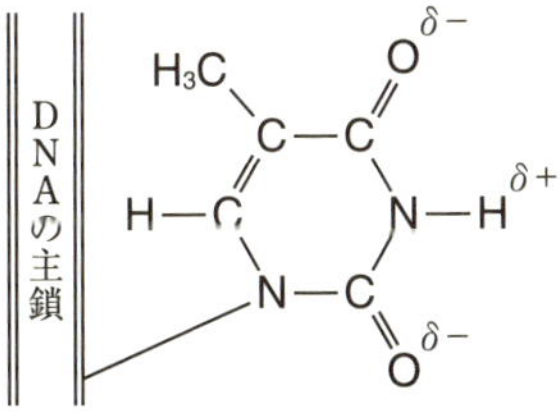

③は、3本の水素結合を生じながら、うまく組み合わさるので最も適当である。①は、1か所 $\delta+$ と $\delta-$ を組み合わせると、もう1か所は $\delta-$ どうしで反発してしまう。他も同様に、少なくとも1か所が同符号による反発になってしまい、適当とは言い難い。

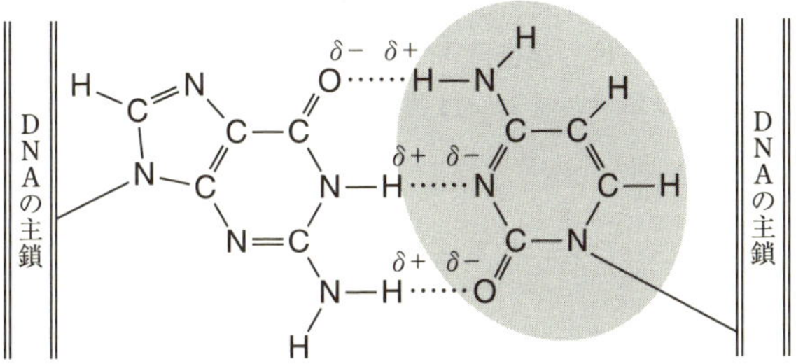

120　第5章　高分子化合物の性質

123　②と⑤と⑥

解説▶　① 合成高分子化合物のうち，たとえば熱硬化性樹脂は，網目状構造をもつ。**正しい**。

② 合成高分子化合物の固体は，一般に結晶部分（分子が規則正しく並んだ部分）と非結晶部分（分子が乱雑に並んだ部分）の両方をもっている。**誤り**。

③ 非結晶部分をもつことと，分子によって重合度（分子量）がまちまちであることから，一般に高分子化合物は明確な融点を示さない。**正しい**。

④ 鎖状の高分子化合物は，一般に熱可塑性樹脂であり，加熱によって高分子鎖どうしがずれるようになって，成形加工しやすくなる。**正しい**。

⑤ 高分子化合物の分子量は，空気の平均分子量と同様に，分子ごとに分子量とモル分率の積を求め，それらを合計した値で示される。**誤り**。

⑥ 低密度ポリエチレンは，高密度ポリエチレンよりも結晶部分が少ない。**誤り**。なお，このため低密度ポリエチレンは強度が小さく透明である。レジ袋などに用いられている。

124　⑤

解説▶　① アクリル繊維は，アクリロニトリルを付加重合させて生じるポリアクリロニトリルを主成分としている。**正しい**。

$$n \ CH_2=CH \xrightarrow{\text{付加重合}} \left[CH_2-CH \right]_n$$
$$\qquad\quad | \qquad\qquad\qquad\quad |$$
$$\qquad\quad CN \qquad\qquad\qquad CN$$

アクリロニトリル　　　　ポリアクリロニトリル

② メタクリル酸メチルを付加重合して得られるポリメタクリル酸メチルは，透明度が高く，ガラスの代わりに用いられる。**正しい**。

$$\qquad\quad CH_3 \qquad\qquad\qquad\qquad CH_3$$
$$\qquad\quad | \qquad\qquad\qquad\qquad\quad |$$
$$n \ CH_2=C \xrightarrow{\text{付加重合}} \left[CH_2-C \right]_n$$
$$\qquad\quad | \qquad\qquad\qquad\qquad\quad |$$
$$\qquad\quad COOCH_3 \qquad\qquad\qquad COOCH_3$$

メタクリル酸メチル　　　　ポリメタクリル酸メチル

③ ビニロンは，親水性の高分子であるポリビニルアルコールを適度にホルムアルデヒドと反応させ，水に溶けないが適度な保水性をもつ繊維にしたものである。**正しい**。

$$\left[CH_2-CH \right]_n \xrightarrow[\text{アセタール化}]{HCHO} \cdots CH_2-CH-CH_2-CH_2-CH_2-CH \cdots$$
$$\qquad\quad | \qquad\qquad\qquad\qquad\qquad | \qquad\qquad |$$
$$\qquad\quad OH \qquad\qquad\qquad\qquad\qquad OH \quad O-CH_2-O$$

ポリビニルアルコール　　　　　　　　ビニロン

④ ポリ乳酸は，乳酸からつくられる高分子であり，自然界で徐々に分解され，最終的には水と二酸化炭素になる。このため，環境に悪影響を及ぼさない。**正しい**。

⑤ アラミド繊維は，以下のような縮合重合によって得られる。付加縮合(付加と縮合を繰り返す)ではない。<u>誤り。</u>

n H–N–⟨⟩–N–H + n Cl–C–⟨⟩–C–Cl
　　H　　　　H　　　　O　　　　O

p-フェニレンジアミン　　テレフタル酸ジクロリド

縮合重合→ [N–⟨⟩–N–C–⟨⟩–C] $_n$ + 2nHCl
　　　　　H　　　H O　　　O

アラミド繊維

　アラミド繊維は，分子間でアミド結合部分が水素結合を行って結び付く。また，平面構造の分子なので，分子どうしが接近しやすくファンデルワールス力も強くなる。このため非常に強い繊維にすることができる。

⑥ ポリエチレンテレフタラートは，エチレングリコール (1, 2-エタンジオール) とテレフタル酸の縮合重合によって得られ，繊維やペットボトルなどに利用される。<u>正しい。</u>

n HO–CH$_2$–CH$_2$–OH + n HO–C–⟨⟩–C–OH
　　　　　　　　　　　　　　　　O　　　O

エチレングリコール　　　　　テレフタル酸

縮合重合→ [O–CH$_2$–CH$_2$–O–C–⟨⟩–C] $_n$ + 2nH$_2$O
　　　　　　　　　　　　　O　　　O

ポリエチレンテレフタラート (PET)

参考までに，他の合成高分子の用途として，以下のものも覚えておきたい。

POINT	代表的な合成高分子化合物とその用途

高分子化合物	用途
ポリエチレン	ゴミ袋
ポリプロピレン	食品容器，合成繊維
ポリ酢酸ビニル	接着剤
ポリ塩化ビニル	パイプ，水道管
ポリスチレン	食品トレイ (発泡スチロール)
シリコーン樹脂	電気絶縁剤，医療材料
フェノール樹脂	電気部品 (電球ソケット)
ナイロン 66，ナイロン 6	衣料，釣り糸

第5章　高分子化合物の性質

122 第5章 高分子化合物の性質

125 ④と⑧

解説 ▶ ①〜⑧の原料と重合様式を示す。

高分子化合物	原料	重合様式
① 尿素樹脂	$H_2N-\underset{\underset{O}{\|\|}}{C}-NH_2$, HCHO	付加縮合
② ビニロン	$CH_2=\underset{\underset{OCOCH_3}{\|}}{CH}$, HCHO	付加重合
③ ナイロン66	$H_2N-(CH_2)_6-NH_2$ $HOOC-(CH_2)_4-COOH$	縮合重合
④ ポリスチレン	$\langle\!\!\!\bigcirc\!\!\!\rangle-CH=CH_2$	付加重合
⑤ フェノール樹脂	$\langle\!\!\!\bigcirc\!\!\!\rangle-OH$, HCHO	付加縮合
⑥ ポリエチレンテレフタラート	$HO-CH_2-CH_2-OH$ $HOOC-\langle\!\!\!\bigcirc\!\!\!\rangle-COOH$	縮合重合
⑦ ポリアクリロニトリル	$CH_2=\underset{\underset{CN}{\|}}{CH}$	付加重合
⑧ スチレンブタジエンゴム	$CH_2=CH-CH=CH_2$ $\langle\!\!\!\bigcirc\!\!\!\rangle-CH=CH_2$	共重合

(a)合成に HCHO を用いる①, ②, ⑤を外し, (b)縮合重合で合成される③, ⑥を外し, (c)N原子を含む①, ③, ⑦を外すと, 残るのは④と⑧ **答**

126 a:⑤ b:④ c:① d:② e:③

解説 ▶ 単量体ではなく重合体の構造が与えられている。①〜④について, 重合体と単量体を照合する。

重合体の構造	単量体の構造
① $\begin{bmatrix} \underset{\underset{O}{\|\|}}{C}-(CH_2)_5-\underset{\underset{H}{\|}}{N} \end{bmatrix}_n$ ナイロン6 (c)	$\begin{matrix} CH_2-CH_2-CH_2 \\ CH_2-\underset{\underset{O}{\|\|}}{C}-\underset{\underset{H}{\|}}{N}-CH_2 \end{matrix}$ ε-カプロラクタム
② $\begin{bmatrix} CH_2-\underset{\underset{Cl}{\|}}{CH} \end{bmatrix}_n$ ポリ塩化ビニル (d)	$CH_2=\underset{\underset{Cl}{\|}}{CH}$ 塩化ビニル
③ $\begin{bmatrix} CH_2-\underset{\underset{CH_3}{\|}}{CH} \end{bmatrix}_n$ ポリプロピレン (e)	$CH_2=\underset{\underset{CH_3}{\|}}{CH}$ プロペン（プロピレン）
④ $\begin{bmatrix} CH_2-\underset{\underset{CH_3}{\|}}{C}=CH-CH_2 \end{bmatrix}_n$ 天然ゴム (b)	$CH_2=\underset{\underset{CH_3}{\|}}{C}-CH=CH_2$ イソプレン

123

⑤のように，酸性官能基を非常に多くもつ高分子は，種々の陽イオンを H^+ と交換する陽イオン交換樹脂(a)として用いることができる。$-SO_3H$ 部分がイオン交換するときの反応式は，

$-SO_3H + Na^+ \rightleftharpoons -SO_3Na + H^+$

などと表される。NaCl と反応させれば HCl が得られる。陽イオン交換樹脂合成の反応は以下のとおりである。

陽イオン交換樹脂

なお，「共重合」とは，2種以上の単量体を（交互ではなく）ランダムに結合させて高分子をつくる重合様式である。陽イオン交換樹脂の場合，親水性の強い $-SO_3H$ を多数もつため，鎖状高分子だと水に溶けてしまう。そこで，p-ジビニルベンゼンを用いて架橋構造をつくり，水に溶けない網目状構造の高分子にしている。

127 ③

解説▶ 重合度と高分子の分子量の関係は以下のとおり。

高分子の分子量＝繰り返し単位の式量 × 重合度
（高分子の場合，分子量と重合度は各々平均値である）

図の高分子の繰り返し単位（[　]内）の式量を求めると，

$28 \times 2 + 15 \times 2 + 14 \times (x+6) = 170 + 14x$

C＝O 2個　N–H 2個　$-CH_2-$（$x+6$）個

これを高分子の分子量 2.82×10^4，重合度 $n=100$ とともに上式に代入すると，

$2.82 \times 10^4 = (170 + 14x) \times 100$

これを解くと，$x=8$ 答

第5章 高分子化合物の性質

124 第5章 高分子化合物の性質

128 問1 ③ 問2 ④ 問3 ①

解説 ▶ **問1** アミノ酸が電気泳動で移動しなくなるときの pH を等電点という。
X は pH=6.0 で移動せず，等電点の状態にある。アミノ酸は等電点では双性イオ
ンといって，アミノ基もカルボキシ基も両方イオン化した状態になっている。これ
に当てはまる構造式は③ 答

問2 アミノ酸は下に示すように，等電点より酸性側では陽イオン，塩基性側では陰
イオンになっている。電気泳動で陽極側に引かれるのは陰イオンなので，等電点の
pH=6.0 よりも塩基性の (pH が大きい) 状態にすればよい。

$$H_3N^+\text{-CH-C-OH} \rightleftarrows H_3N^+\text{-CH-C-O}^- \rightleftarrows H_2N\text{-CH-C-O}^-$$

酸性側　　　　　　　　等電点　　　　　　　　塩基性側
(陽イオン)　　　　　　(双性イオン)　　　　　　(陰イオン)

問3 アミノ酸 Y が陽極側に移動するのは，側鎖に含まれるカルボキシ基が負電荷を
帯びた状態 ($-COO^-$) となった陰イオンになっているからである。

📎 **この問題のねらい**

　アミノ酸の帯電と pH の関係，さらに，側鎖の酸性，塩基性官能基による帯電を扱
った問題。分子全体を漫然と見るのではなく，個々の官能基に切り分けて帯電を考察
することができるかどうかを試している。pH=7 付近では，アミノ基，カルボキシ
基ともにほぼ完全に帯電していることから，カルボキシ基を多くもつ酸性アミノ酸は
pH=7 で負に帯電する，というように考察する。

129 ②

解説 ▶ ジペプチドAの成分元素として硫黄Sが含まれることから，システインが含まれることがわかる。一方，Aの酸素Oの含有率はアスパラギン酸とシステインの間なので，Aは，アスパラギン酸とシステインからなるジペプチドではないかと推定される。実際に両者からなるジペプチドの元素組成を求めると，図2の値と一致する。

$$C_4H_7NO_4 + C_3H_7NO_2S \longrightarrow C_7H_{12}N_2O_5S + H_2O$$

アスパラギン酸　システイン　　　ジペプチドA
（分子量 133）　（分子量 121）　　（分子量 236）

ジペプチドAの元素組成（元素の質量百分率）

C : $\dfrac{12 \times 7}{236} \times 100 \fallingdotseq 36 〔\%〕$

H : $\dfrac{1.0 \times 12}{236} \times 100 = 5.1 〔\%〕$

N : $\dfrac{14 \times 2}{236} \times 100 \fallingdotseq 12 〔\%〕$

O : $\dfrac{16 \times 5}{236} \times 100 \fallingdotseq 34 〔\%〕$

S : $\dfrac{32 \times 1}{236} \times 100 \fallingdotseq 14 〔\%〕$

この問題のねらい

　アミノ酸を題材として，データの読み取りや活用ができるかどうかを試す問題。各々のアミノ酸について，元素組成の特異性をつかみ，必要なデータを読み取ってアミノ酸の種類を特定していく。アミノ酸の性質を細かく知らなくても取り組める問題である。このように，教科書の後ろのほうの単元を扱う問題の中には，その単元の内容は題材として取り上げるだけで，実はもっと前の単元の内容を用いて考察するというタイプの問題も多い。

第5章　高分子化合物の性質

126　第5章　高分子化合物の性質

130　問1　②と④　　問2　③　　問3　③

解説▶　**問1**　標準操作の**操作2**と**操作3**を入れ替えて実験している。豆乳が固ま
らなかったことから，大豆のタンパク質があまり抽出されなかったと推定できる。
その原因としては，細胞膜を破壊せずに加熱・抽出を行ったために，その後粉砕し
てこし分けても，もともと細胞膜の中にあるタンパク質が抽出できなかったことが
考えられる。また，加熱によりタンパク質が変性して水に溶けない状態となったた
めに，その後粉砕してこし分けても，出てきた液体にはタンパク質が溶けてこなか
った可能性も考えられる。

　　　以上を踏まえると，当てはまる選択肢は②と④ 答

問2　標準操作の**操作3**までの間にタンパク質を溶かし込んだ豆乳に，**操作5**で金属
塩を加えることによって，豆乳全体が固まって豆腐となる。**実験2**より，金属塩を
加えなければ，冷却しても豆乳は固まらないことがわかる。また，**実験3**より，陰
イオンの価数には関係なく，陽イオンの価数が大きい（2価）と豆乳が固まること
がわかる。また，$CaCO_3$ は2価の陽イオン Ca^{2+} を含むものの，水に不溶なので効
果がなかったと考えられる。よって，陽イオンの価数が大きく（2価），かつ水に可
溶であることが，添加する塩に求められる条件であるとわかる。

問3　豆腐は，大豆のタンパク質を2価の陽イオンによって固めた（ゲル化した）もの
であることがわかった。したがって，大豆タンパク質を含むコロイド溶液は，なぜ
2価の陽イオンによって固まるかを説明する文章を選ぶ。

　　　一般に，タンパク質には酸性アミノ酸や塩基性アミノ酸が一定数含まれる。これ
らは側鎖にそれぞれカルボキシ基 $-COOH$ やアミノ基 $-NH_2$ をもつが，中性の
$pH=7$ 付近では，いずれもほぼすべてイオンの形（$-COO^-$，$-NH_3^+$）になっている。
タンパク質を変性させ，いったん立体構造を崩してから2価の陽イオンを加えると，
負電荷の $-COO^-$ 2個が，陽イオン1個によって結ばれるため，タンパク質分子ど
うしが網目のように結ばれる。この中に水溶液が閉じ込められることによって，豆
乳は水分や他の成分を含んだまま固まる。大豆タンパク質には，とくにアスパラギ
ン酸やグルタミン酸といった，側鎖に $-COOH$ をもつ酸性アミノ酸が多く含まれる。

　　　以上を踏まえると，当てはまる選択肢は③ 答

この問題のねらい

　　豆乳が固まって豆腐になる現象を化学的に考察する問題。実験結果から，現象の仕
組みを解明できるかどうかを試している。固体物質の溶解が加熱によって促進される
ことや，アミノ酸の側鎖が陽イオンによって結ばれることを発想するには，異分野の
知識を取り出しつなぎ合わせる必要がある。高度な思考力が要求される難問。

131 問1 ③　　問2 ④　　問3 ④と⑥

解説 ▶　**問1**　グルコースが鎖状構造をとると，アルデヒド基が生じる。このアルデヒド基を検出すればよいので，③の銀鏡反応が該当する。

参考　①は炭素間不飽和結合，②はデンプン，④はアルコールを酢酸エステルに変化させて，その臭いを確認する操作，⑤は α-アミノ酸やペプチド，⑥はベンゼン環をもつ α-アミノ酸や，それを含むペプチドを検出する操作である。

問2　変化する部分に着目すると，問題文中の図の平衡は，下記のように一般化できる。

$$R-O\underset{\underset{OH}{|}}{\overset{\overset{H}{|}}{C}}R' \rightleftharpoons R-OH \quad \overset{H}{\underset{O}{C}}R' \rightleftharpoons R-O\underset{\underset{H}{|}}{\overset{\overset{OH}{|}}{C}}R'$$

この R と R′ を，いずれもメチル基 CH_3- に置き換えればよい。

$$CH_3-OH \quad \overset{H}{\underset{O}{C}}CH_3 \rightleftharpoons CH_3-O-\underset{CH_3}{CH}-OH$$

よって，当てはまる分子は④ **答**

問3　ファンデルワールス力は，すべての分子間にはたらく。一方，水素結合は，負に帯電した N，O，F 原子が，正に帯電した H 原子をはさんだときに生じる。したがって，N，O，F 原子をもたない①，②，③，⑤は除外できる。④は，$-OH$ をもつので，セルロース中の $-OH$ と $-O\underset{H}{\cdots}H-O-$ のように水素結合できる。同様に，⑥も $>C=O$

（水素結合）

の O 原子が負に帯電しているため，セルロース中の $-OH$ と $>C=O\cdots H-O-$ のように水素結合ができる。

（水素結合）

📎 この問題のねらい

糖類の反応に，のりの化学までを掛け合わせた問題。化学結合の知識と糖類の知識をつないで，のりなどの接着剤がものをくっつける身近な現象を，化学的に考察していく。本問は共通テストの試行調査問題だが，大学入試センターが標榜する思考型問題をよく体現していると思われる。問2では，ヘミアセタール構造を題材に，教科書の事項を本質的なところまで突き詰めて理解しているかどうか，問3では，「接着」という現象を分子間力の観点から考察させることで，問題文の意味を化学的に読解する力と，異分野の知識を取り出してつなぎ合わせる力を試している。

第5章　高分子化合物の性質

128　第5章　高分子化合物の性質

132　②

解説 ▶　ビニロンは，付加重合などで合成されたポリビニルアルコールに対してホルムアルデヒド HCHO を作用させて得られる。ヒドロキシ基2個（–OH ＋ HO–）が –O–CH₂–O– に変化し，このとき差し引きで C 原子が1個増える。ということは，–OH が2 mol アセタール化されるごとに，C 原子1 mol＝12〔g〕だけ質量が増す。

ポリビニルアルコール $\begin{bmatrix} \text{CH}_2\text{–CH} \\ \quad\quad | \\ \quad\quad \text{OH} \end{bmatrix}_n$ 中の –OH の数は，繰り返し単位の数と同じである。繰り返し単位 C_2H_4O 1 mol は44 g なので，アセタール化される –OH の物質量は，

$$\underbrace{\frac{88}{44}}_{\substack{\text{–CH}_2\text{–CH–} \\ \quad | \\ \quad \text{OH〔mol〕} \\ = \text{–OH〔mol〕}}} \times \underbrace{\frac{50}{100}}_{\text{反応する –OH〔mol〕}} = 1.0 \text{〔mol〕}$$

質量増加を w〔g〕とおくと，

$$\frac{\text{質量増加〔g〕}}{\text{アセタール化される –OH〔mol〕}} = \frac{12}{2} = \frac{w}{1.0}$$

これを解くと，
$w = 6.0$〔g〕
したがって，アセタール化後の高分子の質量は，
$88 + 6.0 = 94$〔g〕 **答**

📎 **この問題のねらい**

　ポリビニルアルコールの繰り返し単位 –CH₂–CH(OH)– の物質量が，アセタール化される前の –OH の物質量に等しいことに着目できたかどうか，また，–OH がアセタール化されたときの質量増加を把握できたかどうかを試す問題。ビニロンに関する計算問題は，国公立二次・私大入試では頻出である。高分子化合物の計算問題では，繰り返し単位に着目して立式する。繰り返し単位の物質量は，反応を行っても変わらないことを利用する。

〔大学入学共通テスト　化学　実戦対策問題集　別冊〕岡島光洋　　　　　　S0e091